全国干部学习培训教材

QUANGUO GANBU XUEXI PEIXUN JIAOCAI

推进生态文明
建设美丽中国

全国干部培训教材编审指导委员会组织编写

人民出版社

党建读物出版社

序　言

　　善于学习，就是善于进步。党的历史经验和现实发展都告诉我们，没有全党大学习，没有干部大培训，就没有事业大发展。面对当今世界百年未有之大变局，面对进行伟大斗争、伟大工程、伟大事业、伟大梦想的波澜壮阔实践，我们党要团结带领全国各族人民抓住和用好我国发展重要战略机遇期，坚持和发展中国特色社会主义，统筹推进"五位一体"总体布局、协调推进"四个全面"战略布局，推进国家治理体系和治理能力现代化，促进人的全面发展和社会全面进步，防范和应对各种风险挑战，实现"两个一百年"奋斗目标、实现中华民族伟大复兴的中国梦，就必须更加崇尚学习、积极改造学习、持续深化学习，不断增强党的政治领导力、思想引领力、群众组织力、社会号召力，不断增强干部队伍适应新时代党和国家事业发展要求的能力。

我们党依靠学习创造了历史，更要依靠学习走向未来。要加快推进马克思主义学习型政党、学习大国建设，坚持把学习贯彻新时代中国特色社会主义思想作为重中之重，坚持理论同实际相结合，悟原理、求真理、明事理，不断增强"四个意识"、坚持"四个自信"、做到"两个维护"，教育引导广大党员、干部按照忠诚干净担当的要求提高自己，努力培养斗争精神、增强斗争本领，使思想、能力、行动跟上党中央要求、跟上时代前进步伐、跟上事业发展需要。

抓好全党大学习、干部大培训，要有好教材。这批教材阐释了新时代中国特色社会主义思想的重大意义、科学体系、精神实质、实践要求，各级各类干部教育培训要注重用好这批教材。

2019 年 2 月 27 日

目 录

绪　论

　　生态文明是工业文明发展到一定阶段的产物，是实现人与自然和谐发展的新要求。生态文明建设是关系中华民族永续发展的根本大计，是世界和中国发展史上的一场深刻变革。党的十八大作出"大力推进生态文明建设"的战略部署，首次明确"美丽中国"是生态文明建设的总体目标。党的十八大以来，以习近平同志为核心的党中央把生态文明建设作为统筹推进"五位一体"总体布局和协调推进"四个全面"战略布局的重要内容，生态文明建设从认识到实践发生了历史性、转折性和全局性的变化，美丽中国建设迈出了重要步伐。党的十九大历史性地将"美丽"二字写入社会主义现代化强国目标，提出"坚持人与自然和谐共生"的基本方略，要求"加快生态文明体制改革，建设美丽中国"，彰显了我们党的远见卓识和使命担当。

　　习近平总书记多次对"美丽中国"作出明确指示和形象描述。要求贯彻创新、协调、绿色、开放、共享的发展理念，推动形成绿色发展方式和生活方式，改善环境质量，建设天蓝、地绿、水净的美丽中国。提出实现人与自然和谐共处，还自然以宁静、和谐、美丽。环境就是民生，青山就是美丽，蓝天也是幸福。要推进城镇留白增绿，使老百姓享有惬意生活、休闲空间，要让城市融入大自然，让居民望得见山、看得见水、记得住乡愁。要利用自然优势发展乡村旅游等特色产业，注意乡土味道，保留乡村风貌，打造美丽乡村，实现美丽经济，为老百姓留住鸟语花香、田园风光。要深入实施大气、水、土壤污染防治行动计划，还老百姓蓝天白云、繁星闪烁、清水绿岸、鱼翔浅底的景象，让老百姓吃得放心、住得安心。

2018年5月18日，习近平总书记在全国生态环境保护大会上指出，虽然我国生态环境质量出现了稳中向好趋势，但成效并不稳固，生态文明建设正处于压力叠加、负重前行的关键期，已进入提供更多优质生态产品以满足人民日益增长的优美生态环境需要的攻坚期，也到了有条件有能力解决生态环境突出问题的窗口期。

新时代新征程，在全面建成小康社会决胜阶段，推进生态文明、建设美丽中国，犹如逆水行舟，不进则退，必须在全党全国范围内统一思想、坚定信心、攻坚克难、务求必胜。这其中，最根本的是，要实现习近平生态文明思想学思用贯通、知信行统一，在思想和行动上自觉践行绿色发展理念，加快形成节约资源和保护环境的空间格局、产业结构、生产方式、生活方式；最核心的是，打好打胜污染防治攻坚战，着力解决突出环境问题，加大生态保护与修复力度，改革生态环境监管体制，确保到2020年实现生态环境质量总体改善，确保全面建成小康社会得到人民认可、经得起历史检验，并为2035年美丽中国目标基本实现、本世纪中叶建成美丽中国奠定坚实基础。

第一章
深入贯彻习近平生态文明思想

在奋斗的道路上，正确的思想指引必不可少。习近平总书记以马克思主义政治家、战略家、理论家的深刻洞察力、敏锐判断力和战略定力，站在坚持和发展中国特色社会主义、实现中华民族伟大复兴中国梦的战略高度，传承中华优秀传统文化、顺应时代潮流和人民意愿，提出了一系列新理念新思想新战略，形成了系统科学的习近平生态文明思想。这是我们党的重大理论和实践创新成果，是习近平新时代中国特色社会主义思想的重要组成部分，为推进美丽中国建设、实现人与自然和谐共生的现代化提供了方向指引和根本遵循。

第一节 习近平生态文明思想的形成脉络

问题是时代的声音，人心是最大的政治。新时代呼唤新理论，新实践催生新方略。马克思、恩格斯曾说过："一切划时代的体系的真正的内容都是由于产生这些体系的那个时期的需要而形成起来的。"在中国共产党的坚强领导下，中国人民取得了从"站起来"到"富起来"的辉煌成就，在迈向"强起来"的伟大飞跃过程中，生态环境问题成为明显的短板，人民群众过去"求温饱"，现在"盼环保"。

习近平总书记以对中华民族、对子孙后代乃至对全世界高度负责的人类情怀和使命担当，准确把握我国环境容量有限、资源约束趋紧、生态系统脆弱的基本国情，直面经济粗放增长导致的生态破坏、环境污染、经济损失、社会风险等问题，科学判断全球可持续发展和人类文明转型的时代潮流，以史为鉴遵从规律、以人民为中心推动工作、以实践为标准检验真理，在实践探索中不断总结提炼，形成习近平生态文明思想。

20世纪六七十年代，在陕北梁家河插队任村党支部书记时，习近平同志就认真思考关中地区北部为什么会从一马平川、水肥草沃的兵家必争之地，变成如今沟壑纵横的黄土高坡；他还结合国内外的历史经验与教训，很早就已经认识到超负荷的人类活动对生态环境产生的负面影响。面对衣食无着的老乡们和贫瘠的黄土地，他带领群众改善生态，打坝造田，发展生产，利用秸秆和畜禽粪便，成功建成了陕西第一口沼气池，进而在延川县掀起一场轰轰烈烈的沼气革命。这是发展农村循环经济、解决生态环境问题的生动实践。

在河北正定任县委书记时，正值我国以经济建设为中心、着力推行改革开放政策的时期，国家实施了一系列优惠政策以吸引外商投资，大力发展工业经济。习近平同志敏锐地、前瞻性地意识到粗放式的资源开发和经济发展对生态环境可能造成的巨大破坏，强调要积极开展植树造林，增加城区绿化面积，禁止乱伐树木；并特别指出，宁肯不要钱，也不要污染，严格防止污染搬家、污染下乡。这是重要的思想解放，是对传统发展理念的重大突破。

在福建宁德任地委书记时，习近平同志明确提出要把眼光放得远些，思路打得广些，鼓励地方开创"绿色工程"，依托荒山、荒坡、荒地、荒滩，实行集约经营，"靠山吃山唱山歌，靠海吃海念海经"，达到社会、经济、生态三者效益的协调。

2002年，在福建省，习近平同志极具前瞻性地提出了建设生态省的总体构想，推动编制实施《福建生态省建设总体规划纲要》，强调任何形式的开发利用，都要在保护生态的前提下进行，使八闽大地更加山清水秀，使经济社会在资源的永续利用中良性发展。这既是对生态环境保护地位的大力提升，更是将生态环境保护与经济社会发展统筹考虑，强调源头防治，纠正了过去"重发展轻保护""先发展后治理"的错误行为模式。

在浙江工作期间，习近平同志强调，生态环境方面欠的债迟还不如早还，早还早主动，否则没法向后人交代。"你善待环境，环境是友好的；你污染环境，环境总有一天会翻脸，会毫不留情地报复你。这是自然界的客观规律，不以人的意志为转移。"对于环境污染的治理，要不惜用真金白银来还债。他亲自指导编制和推动实施《浙江生态省建设规划纲要》，明确提出要把生态省建设摆到经济社会发展的战略地位。2005年，他在湖州市安吉县余村考察时鲜明提出"绿水青山就是金山银山"，指出在鱼和熊掌不可兼得的情况下，必须善于选择，学会放弃，要真正扎扎实实走一条"生态立县"的道路，做到有所为有所不为。这是发展理念的大胆创新，打破了过去将发展与保护对立起来的思维束缚。

担任上海市委书记时，习近平同志要求保护好自然村落，保护好城乡的历史风貌，妥善处理好保护与发展、改造与新建的关系；要把崇明建设成为环境和谐优美、资源集约利用、经济社会协调发展的现代化生态岛区。

党的十八大以来，以习近平同志为核心的党中央将生态文明建设纳入中国特色社会主义总体布局，提出"美丽中国"奋斗目标，这是重大的理论创新。党的十八届三中全会提出加快建立系统完整的生态文明制度体系，并将资源产权、用途管制、生态红线、有偿使用、生态补偿、管理体制等内容纳入生态文明制度体系中。党的十八届四中全会提出用严格的法律制度保护生态环境，加快建立有效约束开发行为和促进绿色发展、循环发展、低碳发展的生态文明法律制度。党的十八届五中全会将加强生态文明建设作为新内涵写入我国"十三五"规划，绿色发展成为我国实现现代化的新路径。党的十九大进一步提出了"坚持人与自然和谐共生"的基本方略，提出了建设"美丽中国"的战略目标。党章修改中增加了把我国建成富强民主文明和谐美丽的社会主义现代化强国、增强绿水青山就是金山银山的意识、实行最严格的生态环境保护制度等内容，2018年3月通过的《中华人民共和国宪法修正案》写入生态文明，生态文明已经上升为党的主张和国家意志。

实践是思想之母。从党的十八大以来的生态文明建设之路可以看出，习近平生态文明思想发展具有理论联系实践、实践反哺理论、理论再指导实践的认识论和唯物辩证法循环发展、螺旋上升的特征。以习近平同志为核心的党中央高度重视社会主义生态文明建设，坚持把生态文明建设作为统筹推进"五位一体"总体布局和协调推进"四个全面"战略布局的重要内容，坚持节约资源和保护环境的基本国策，坚持绿色发展，把生态文明建设融入经济建设、政治建设、文化建设、社会建设各方面和全过程，加大生态环境保护力度，推动生态文明建设在重点突破中实现整体推进。习近平生态文明思想发扬了个人从政经历的深邃思考，吸收了中国特色社会主义建设的宝贵经验，总结凝练了党的十八大以来生态文明建设的伟大实践。

综上所述，习近平总书记历来重视生态文明建设，历来把生态环境保护作为重要工作来抓，从"知青岁月"，到河北、福建，到浙江、上海，一直到党中央，重视一以贯之、理念一以贯之、工作一以贯之、要求一以贯之，走到哪里，就把对生态环境保护的关切和叮嘱带到哪里，主动为美好生态环境当"保洁员"，多次就解决损害生态环境问题"打头阵"，并以亲力亲为、率先垂范的行动形成了强大的感召力、发挥了重要的标杆作用。党的十八大以来，习近平总书记对生态环境保护的有关重要讲话、论述和指示批示达三百余次。正是在理论与实践的不断碰撞和思索中，习近平总书记逐渐完善了生态文明建设的认识论、方法论与实践论。在2018年5月召开的全国生态环境保护大会上，习近平生态文明思想被正式确立，这是将党和国家对于生态文明建设的认识提升到一个崭新高度，为中国特色社会主义生态文明建设赋予了新的历史使命和新的时代生命力。

第二节　习近平生态文明思想的丰富内涵

习近平生态文明思想内涵丰富、系统完整，深刻回答了为什么建设生态文明、建设什么样的生态文明、怎样建设生态文明等重大理论和实践问题，集中体现为"八个坚持"。

一、坚持生态兴则文明兴

习近平总书记强调："生态文明建设是关系中华民族永续发展的根本大计。"生态环境是人类生存和发展的根基。生态兴则文明兴，生态好才能文明旺，国家美才能事业昌。

古今中外，生态环境的变化直接影响文明的兴衰演替，这样的例子不胜枚举。古代埃及、古代巴比伦、古代印度、古代中国四大文明古国，均发源于森林茂密、水量丰沛、田野肥沃、生态良好的地区。正是先有了"生态兴"，当地勤劳智慧的人民才创造出闻名世界的灿烂文化，实现了"文明兴"。然而，生态可承载文明之舟，亦可颠覆文明之舟。生态环境衰退特别是严重的土地荒漠化导致古代埃及、古代巴比伦衰落。从中华民族的文明历史来看，奔腾不息的长江、黄河是中华民族的摇篮，哺育了无比灿烂辉煌的中华文明，总体保持相对良好的生态环境也维系了我们民族文明数千年绵延不断。但我国古代一些地区也有过惨痛教训。古代一度辉煌的楼兰文明已被埋藏在万顷流沙之下，河西走廊、黄土高原都曾经水丰草茂，由于毁林开荒、乱砍滥伐，致使生态环境遭到严重破坏，加剧了经济衰落。唐代中叶以后，中国经济重心逐步向东向南转移，很大程度上同西北地区生态环境变化有关。实践证明，人类对大自然的伤害最终会伤及人类自身，这是无法抗拒的规律。

以史为鉴，可以知兴替。我国独特的地理环境和严峻的生态

楼兰古国遗址　　　　　　　　　　　　　（新华社记者　曲志红／摄）

环境形势要求我国必须高度重视生态文明建设。"胡焕庸线"东南方43%的国土，居住着全国94%左右的人口，以平原、水网、低山丘陵和喀斯特地貌为主，生态环境压力巨大；该线西北方57%的国土，供养着大约全国6%的人口，以草原、戈壁沙漠、绿洲和雪域高原为主，生态系统非常脆弱。坚持生态兴则文明兴，就是要遵从自然生态演变和经济社会发展规律，将人类活动控制在自然生态可调节、可维持的范围内。今天的发展不能成为明天发展的障碍，短期的利益不能成为长远利益的羁绊，当代人不能影响后代人的发展。这充分体现了习近平生态文明思想的深邃历史观。

二、坚持人与自然和谐共生

习近平总书记指出："人与自然是生命共同体。"生态环境没有替代品，用之不觉，失之难存。人类文明在发展过程中，人与自然的关系也在发生相应改变。从原始文明的崇拜、敬畏自然，到农业文明的模仿、学习自然，再到工业文明的改造、征服自然，人们认识到，当人类合理利用、友好保护自然时，自然的回报常常是慷慨的。例如，我国两千多年前建于战国时期的都江堰，就是顺应自然、因势利导建设的大型生态水利工程，不仅造福当时，而且泽被后世。当人类无序开发、粗暴掠夺自然时，自然的惩罚必然是无情的。

建设生态文明，首先要从改变自然、征服自然转向调整人的行为、纠正人的错误行为。要做到人与自然和谐，不要违反规律征服自然。人类只有尊重、顺应和保护自然，才能有效防止在开发利用自然上走弯路，才能实现人的全面发展、人与自然的和谐发展。人与自然是平等、友好的伙伴，决不是主宰与被主宰、征服与被征服的关系。这一理念传承了古代"天人合一""民胞物与""道法自然"的思想，深刻体现了人与自然相互依存、共生共赢的本质特征。要在全党全社会范围内树立尊重自然、顺应自然、保护自然的生态价值观和生态审美观，加快构建人与自然和谐发展、共存共荣的生态意识、价值取向和社会适应等生态文化体系。

现在，人与自然的矛盾比较尖锐，在一些地方非常突出，出现了土地沙化、湿地退化、水土流失、河流干涸等严重生态问题。我们要像保护眼睛一样保护生态环境，像对待生命一样对待生态环境，多干保护自然、修复生态的实事，多做治山理水、显山露水的好事，让自然生态美景永驻人间，还自然以宁静、和谐、美丽。这充分体现了习近平生态文明思想的文化价值理念和科学自然观。

三、坚持绿水青山就是金山银山

习近平总书记强调，正确处理好生态环境保护和发展的关系，是实现可持续发展的内在要求，也是推进现代化建设的重大原则。有人说，发展要宁慢勿快，否则得不偿失；也有人说，为了摆脱贫困必须加快发展，付出一些生态环境代价也是难免的、必须的。这两种观点都把生态环境保护和发展对立起来了，都是不全面的。绿水青山既是自然财富、生态财富，又是社会财富、经济财富。保护生态环境就是保护生产力，改善生态环境就是发展生产力。保护生态环境就是保护自然价值和增值自然资本，就是保护经济社会发展潜力和后劲。因此，保护生态环境应该而且必须成为发展的题中应有之义。

生态环境问题归根结底是发展方式和生活方式问题。在我国要实现社会主义现代化，必须积极探索出一条符合中国特色的绿色发展道路，加快推动形成绿色发展方式和生活方式，这是发展观的一场深刻革命。必须坚持节约资源和保护环境的基本国策，坚持节约优先、保护优先、自然恢复为主的方针，贯彻创新、协调、绿色、开放、共享的发展理念，把经济活动、人的行为限制在自然资源和生态环境能够承载的限度内，给自然生态留下休养生息的时间和空间，使绿水青山持续发挥生态效益和经济社会效益，让良好生态环境成为人民生活的增长点、成为经济社会持续健康发展的支撑点、成为展现我国良好形象的发力点，为子孙后代留下可持续发展的"绿色银行"。

绿水青山就是金山银山深刻揭示了发展与保护的本质关系，更新了关于自然资源的传统认识，带来的是发展理念和方式的深刻转变，也是执政理念和方式的深刻转变。坚持绿水青山就是金山银山，关键在人，关键在发展思路，关键在处理和平衡好发展与保护的关系，关键在寻找新动能和处理老问题上把握好方向、节奏和力度。经济生态两手硬，青山金山长相依。这充分体现了习近平生态文明思想的绿色发展观。

[延伸阅读]

对绿水青山与金山银山关系认识的三个阶段

2005 年 8 月 15 日，时任浙江省委书记的习近平同志来到湖州市安吉县余村进行考察，第一次提出"绿水青山就是金山银山"的科学论断。

人们在实践中对绿水青山和金山银山这"两座山"之间关系的认识经过了三个阶段：

第一阶段，"只要金山银山，不要绿水青山"，用绿水青山去换金山银山，不考虑或者很少考虑环境的承载能力，一味索取资源，这是应该坚决摒弃的。搞起了一堆东西，最后一看都是破坏性东西。再补回去，成本比当初创造的财富还要多。

第二阶段，"既要金山银山，也要绿水青山"，人们意识到环境是我们生存发展的根本，要留得青山在，才能有柴烧，强调发展必绿色。经济发展不应是对资源和生态环境的竭泽而渔，生态环境保护也不应是舍弃经济发展的缘木求鱼。这个阶段强调可持续发展、协调发展。

第三阶段，"绿水青山就是金山银山"，强调生态环境保护也是发展。绿水青山本身就是财富，同时生态优势也可以变成经济优势，从而源源不断地带来金山银山，实现发展和保护相统一。这个阶段是一种更高的境界，是比可持续发展更上一层楼的模式。

四、坚持良好生态环境是最普惠的民生福祉

习近平总书记指出："生态环境是关系党的使命宗旨的重大政治问题，也是关系民生的重大社会问题。"良好生态环境是最公平的公共产品，环境就是民生，青山就是美丽，蓝天也是幸福。

随着我国社会生产力水平明显提高和人民生活水平显著改善，人民群众的需要呈现多样化、多层次、多方面的特点，人民群众对清新空气、清澈水质、清洁环境等生态产品的需求越来越迫切，生态环境越来越珍贵。"民之所好好之，民之所恶恶之。"发展经济是为了民生，保护生态环境同样也是为了民生。必须坚持以人民为中心的发展思想，做到生态惠民、生态利民、生态为民，把解决突出生态环境问题作为民生优先领域，提供更多优质生态产品，满足人民群众对良好生态环境新期待，提升人民群众获得感、幸福感、安全感。

良好生态环境是最普惠的民生福祉，源自我们党全心全意为人

民服务的根本宗旨，源自广大人民群众对改善生态环境质量的热切期盼。这充分体现了习近平生态文明思想的基本民生观。

五、坚持山水林田湖草是生命共同体

习近平总书记指出，山水林田湖草是生命共同体。生态是统一的自然系统，是相互依存、紧密联系的有机链条。人的命脉在田，田的命脉在水，水的命脉在山，山的命脉在土，土的命脉在林和草，这个生命共同体是人类生存发展的物质基础。用"命脉"把人与山水林田湖草连在一起，生动形象地阐述了人与自然之间唇齿相依的紧密关系。如果破坏了山、砍光了林，也就破坏了水，山就变成了秃山，水就变成了洪水，泥沙俱下，地就变成了没有养分的不毛之地，水土流失、沟壑纵横，最终必然对生态环境造成系统性、长期性破坏。

秉持山水林田湖草是生命共同体的理念，就要从系统工程和全局角度寻求治理修复之道，不能头痛医头、脚痛医脚，必须按照生态系统的整体性、系统性及其内在规律，整体施策、多措并举，统筹考虑自然生态各要素，山上山下、地上地下、陆地海洋以及流域上下游、左右岸，进行整体保护、宏观管控、综合治理，全方位、全地域、全过程开展生态文明建设，增强生态系统循环能力，维持生态平衡、维护生态功能，达到系统治理的最佳效果。

在生态环境保护上，一定要算大账、算长远账、算整体账、算综合账，不能因小失大、顾此失彼。这充分体现了习近平生态文明思想的整体系统观。

六、坚持用最严格制度最严密法治保护生态环境

习近平总书记指出："只有实行最严格的制度、最严密的法治，才能为生态文明建设提供可靠保障。"奉法者强则国强，奉法者弱则国弱。建设生态文明，重在建章立制。我国生态文明建设存在的一些突出问题，大都与体制不完善、机制不健全、法治不完备有关。例如，由于部分地区生态环境保护的责任机制不完善，搞口号环保、数字环保，假治理、走过场，平时不用力、临时一刀切的行为仍在频频发生，屡禁不止，导致一些地区生态环境质量恶化、风险加剧。

目前，我国已经出台一系列改革举措和相关制度，生态文明制度的"四梁八柱"已经基本形成。制度的生命力在于执行，关键在真抓，靠的是严管。对破坏生态环境的行为不能手软，不能下不为例。要下大力气抓住破坏生态环境的反面典型，释放出严加惩处的强烈信号，决不能让制度规定成为"没有牙齿的老虎"，要像抓中央生态环境保护督察一样抓好落实，不得做选择、搞变通、打折扣，保证党中央关于生态文明建设的决策部署落地生根见效。未来，还要继续加快体制改革和制度创新，使之成为刚性的约束和不可触碰的高压线。这充分体现了习近平生态文明思想的严密法治观。

七、坚持建设美丽中国全民行动

生态文明建设是人民群众共同参与、共同建设、共同享有的事业。习近平总书记强调："生态文明建设同每个人息息相关，每个

人都应该做践行者、推动者。"没有哪个人是旁观者、局外人、批评家，谁也不能只说不做、置身事外。

当前，全民生态环境保护意识仍然不强，关心、参与、监督生态环境保护工作的主动性、自觉性仍待提高。一些生活方式对自然生态的破坏也日益凸显。例如，野生杜鹃枝条一般需要7—10年的生长期，而都市男女对瓶中孤枝的"宠爱"却可以毁掉大兴安岭的漫山花海。一些公众以"行善"名义的盲目放生，不但刺激更多人去抓捕野生动物，而且不合理的放生环境还会导致野生动物大量死亡，或者引入外来物种破坏生态平衡。世界现代化必将带来人口快速增长，如果大家依照现存资源消耗模式生活的话，其后果是不可想象的。

因此，必须弘扬生态文明主流价值观，把生态文明纳入社会主义核心价值体系，加强生态文明宣传教育，强化公民生态环境保护意识，构建全民行动体系，推动形成节约适度、绿色低碳、文明健康的生活方式和消费模式，形成全社会共同参与的良好风尚，把建设美丽中国化为人民自觉行动。公共机构尤其是党政机关带头使用节能环保产品，推行绿色办公，创建节约型机关。这充分体现了习近平生态文明思想的全民行动观。

八、坚持共谋全球生态文明建设

习近平总书记指出："生态文明建设关乎人类未来，建设绿色家园是各国人民的共同梦想。"宇宙只有一个地球，人类共有一个家园，珍爱和呵护地球是人类的唯一选择，保护生态环境是全球面临的共同挑战和共同责任，需要世界各国同舟共济、共同努力，任何一国都无法置身事外、独善其身。国际社会应该携手同行，共谋全球生态文明建设之路。

我国已成为并将继续作为全球生态文明建设的重要参与者、贡献者、引领者，积极参与全球环境治理，引导应对气候变化的国际合作。推进绿色"一带一路"建设，让生态文明理念和实践造福沿线各国人民。加快构筑尊崇自然、绿色发展的生态体系，共建清洁美丽的世界。

面向未来，我国将继续承担应尽的国际义务，承担同自身国情、发展阶段、实际能力相符的国际责任，统筹国内国际两个大局，奉行互利共赢的开放战略，深度参与全球环境治理，增强在全球环境治理体系中的话语权和影响力，形成世界环境保护和可持续发展的解决方案。在我们这样一个13亿多人口的大国，走出一条生产发展、生活富裕、生态良好的文明发展道路，建成富强民主文明和谐美丽的社会主义现代化强国，必将是我们为解决人类社会发展难题作出的重大贡献。这充分体现了习近平生态文明思想的全球共赢观。

第三节　习近平生态文明思想的理论贡献

习近平生态文明思想体现了高度的历史自觉和理论自觉，开创了马克思主义中国化时代化大众化的新境界，是中国特色社会主义的理论新成果、实践新亮点，彰显了以习近平同志为核心的党中央对生态环境保护经验教训的历史总结、对人类发展意义的深邃思考，是中国共产党人创造性地回答人与自然关系、经济发展与生态环保关系问题所取得的最新理论成果，是集大成与突破创新兼具的重要成果，展现了中国特色社会主义的道路自信、理论自信、制度自信、文化自信。

一、丰富了马克思主义人与自然关系论述的思想内涵

马克思主义在对人与自然本质关系的历史考量中，对资本主义社会生产方式进行了批判，认为"资本主义生产方式以人对自然的支配为前提"，这种人类异化的生存状态，将导致人与自然的多重矛盾。从历史唯物主义的角度来看，人是自然界发展到一定历史阶段的产物，与自然界达到和谐统一是实现人"自由全面发展"的必然途径，也是人类社会得以发展进步的必然选择。从辩证唯物主义的角度来看，自然界为人类的生存和发展提供了基本保障，人通过劳动又实现了自然人化和人化自然的矛盾统一，人类对自然不合理的改造也必将遭到自然界的报复，导致人类自身生存客观条件的恶化。

在马克思主义强调人与自然是人类社会最基本的一对关系的基础上，习近平生态文明思想提出人与自然是生命共同体，强调人与自然和谐共生，着力实现人与自然、发展与保护的有机统一，致力于实现公平正义、促进人的全面发展的核心价值，在社会主义共同富裕内涵的基础上，强化了人与自然和谐共生的新特征，增强了中国特色社会主义制度优势。

习近平生态文明思想确立了环境在生产力构成中的基础地位，丰富和发展了马克思主义生产力理论，并在实践中创造性地提出了"绿水青山就是金山银山"，打破了关于自然资源的传统认识，阐明

了保护生态环境就是保护生产力、改善生态环境就是发展生产力的内核实质，极大地丰富和拓展了马克思主义生产力的内涵和范围。

习近平总书记对人与自然关系的认识，是马克思主义辩证唯物的自然观与社会历史观的统一，结合时代特征丰富发展，创造性地丰富和拓展了马克思主义的自然观和发展观，是正确处理人与自然、发展与保护的科学指南。究其本源，实践性贯穿于习近平生态文明思想的演进过程之中，这是超越马克思主义自然观和发展观的根本所在、原因所在。

总之，习近平生态文明思想坚持以人民为中心，推动形成人与自然和谐发展现代化建设新格局，实现了马克思主义自然观的又一次历史性飞跃，是马克思主义中国化的重要成果。

二、弘扬了中华文明生态智慧的时代价值

中华文明五千年生生不息，积淀了丰富的生态智慧。从哲学理念上看，《易经》中提及"有天地，然后有万物；有万物，然后有男女"，"夫大人者，与天地合其德，与日月合其明，与四时合其序，与鬼神合其吉凶，先天而天弗违，后天而奉天时"，"观乎天文以察时变，关乎人文以化成天下"；道家主张"道法自然"，老子强调"人法地，地法天，天法道，道法自然"，认识到人类与天地万物的整体性和统一性，肯定自然的内在规律，强调要把天地人统一起来、把自然生态同人类文明联系起来。

从历史实践认识上看，《孟子·梁惠王上》中"不违农时，谷不可胜食也；数罟不入洿池，鱼鳖不可胜食也；斧斤以时入山林，材木不可胜用也"；《齐民要术》中"顺天时，量地利，则用力少而

成功多"；《礼记·月令》则顺应不同时令（节气），对政府祭祀礼仪、职务、法令、禁令等作出规定；《吕氏春秋》中"竭泽而渔，岂不获得，而明年无鱼"；周文王颁布的《伐崇令》规定"毋坏屋，毋填井，毋伐树木，毋动六畜。有不如令者，死无赦"。古人从正反两面告诫后人，要按照大自然规律活动，取之有时，用之有度，表达了先人对处理人与自然关系的重要认识。

历代先贤的哲学思想为习近平生态文明思想奠定了客观的历史文化基础。习近平总书记充分吸纳中华优秀传统文化的时代价值，在集众家之大成、取思想之精髓、汲历史之营养的传承基础上，融合当前社会发展要求，提出了"生态兴则文明兴，生态衰则文明衰"等重要论述，肯定了生态环境的变化直接影响文明的兴衰演替，是对中华文明中朴素生态智慧的深刻理解和弘扬。

此外，习近平生态文明思想体现了依法治国的思想，提出了"用最严格制度最严密法治保护生态环境"的严密法治观，基本形成了生态文明制度的"四梁八柱"，具有强大持续的生命力。

在物质文明和技术水平高度发达的当今时代，习近平生态文明思想强调尊重自然、顺应自然、保护自然，实施山水林田湖草系统治理，保护环境就是保护生产力，在更高层次上实现人与自然、环境与经济、人与社会的和谐，这比生产力低下的古代朴素的生态智慧更具时代意义，是推动中华文明历史和创新发展的动力之源。

总之，习近平生态文明思想根植和升华于生生不息的中华文明，充分吸纳中华优秀传统文化的时代价值，着眼于实现可持续发展，根脉相承，必将引领和推动全社会处理好全局与局部、长远与眼前、集体与个人的关系。

三、拓展了全球生态环境治理的可持续发展理念

在全球范围内，从《联合国人类环境会议宣言》《我们共同的未来》《增长的极限》，到《21世纪议程》，再到2015年确定的《2030年可持续发展议程》，人类对于自身与自然关系、发展与保护关系的反思不断深入，在徘徊探索中提出并逐步实施可持续发展战略，是人类社会反思与探索的重要成果。当今世界，以绿色经济、低碳技术为代表的新一轮产业和科技变革方兴未艾，各国都在积极探索实践，保护生态环境推行绿色发展日益成为国际共识。

中国作为负责任的发展中大国，积极参与生态环境保护和治理的国际合作，打造绿色环保"朋友圈"。我国消耗臭氧层物质的淘汰量占发展中国家淘汰总量的50%以上，成为对全球臭氧层保护贡献最大的国家。率先发布《中国落实2030年可持续发展议程国别方案》，推动《巴黎协定》签署生效。生态文明理念被正式写入联合国环境规划署第27次理事会决议案。在2016年第二届联合国环境大会上，联合国环境规划署专门发布《绿水青山就是金山银山：中国生态文明战略与行动》报告。2017年，同联合国环境规划署等国际机构共同发起，建立"一带一路"绿色发展国际联盟。开展面向发展中国家的环境与发展援助，构建南南环境合作网络。"人类命运共同体"理念和"一带一路"倡议等独特理论观念和创新内容得到国际社会的普遍认同和积极支持。生态文明作为可持续发展中国方案和理念，正逐渐"走出去"，为全球可持续发展贡献了中国理念、中国智慧、中国方案。

习近平总书记结合我国国情，总结了国际社会可持续发展关于经济发展、社会进步和环境保护"三大支柱"的新实践经验，将我

们党的理论从"四位一体"上升到经济、政治、文化、社会、生态文明建设"五位一体"，强调了生态文明建设在国家战略中的重要地位，进一步拓展了可持续发展的相关理论。这是对世界可持续发展理论和进程的重要贡献，为发展中国家避免传统发展路径依赖和锁定效应、走向现代化提供了可资借鉴的道路和经验。

总之，习近平生态文明思想，在全球大国治国理政实践中独树一帜，坚持人类是命运共同体、建设绿色家园是人类的共同梦想，清醒把握和全面统筹解决全球性环境问题，积极倡导共谋全球生态文明建设，深化和丰富了世界可持续发展理论及最新理念，为后发国家避免传统发展路径依赖和锁定效应提供了可资借鉴的模式和经验。

四、深化了中国特色社会主义思想发展与保护关系的实践认识

20 世纪 70 年代，我国把污染问题作为技术问题，重点围绕工业"三废"，大力开展点源治理。从"六五"时期开始，国家将环境保护目标纳入国民经济和社会发展计划。随着我国经济社会快速发展，污染物排放总量不断增加，我国制定了环境与发展十大对策，第一次明确提出转变传统发展模式，走可持续发展道路。进入 21 世纪，党中央提出以人为本，树立全面、协调、可持续的科学发展观，强调走新型工业化道路，降低资源消耗和减少环境污染。可以说我国改革开放的历史，也是一部处理发展与保护关系的探索史。

改革开放后，我国经济社会发展进入历史快车道。面对日益显现的生态问题，继毛泽东同志发出"绿化祖国"的伟大号召后，

邓小平同志进一步提议"植树造林，绿化祖国，造福后代"，认为生态环境保护是一项长期而艰巨的系统工程；党的十三届四中全会后，江泽民同志提出了可持续发展战略，强调了实现经济社会和人口资源环境之间协调发展的重要性；党的十六届三中全会后，胡锦涛同志提出了科学发展观，并号召建设资源节约型、环境友好型的"两型社会"。这些重要的论述是我们党对生态环境保护和生态文明建设的探索和实践，也是中国特色社会主义理论关于发展与保护关系的探索和实践。

来源于实践并且已经得到实践证明的习近平生态文明思想，是习近平新时代中国特色社会主义思想的重要组成部分。面对资源约束趋紧、环境污染严重、生态系统退化的严峻形势，习近平总书记吸收了中国特色社会主义建设关于如何处理发展与保护之间关系的宝贵经验，同时结合个人地方工作经历的认识与思考，在继承中创新，在创新中发展，将党和国家对于生态文明建设的认识提升到了崭新高度。始终保持战略定力，强调高质量发展，要求长江经济带"共抓大保护、不搞大开发"，对甘肃祁连山自然保护区等严重破坏生态环境的反面典型严厉查处，突破了固有的发展思维模式，强化生态文明体制改革顶层设计，化解了"九龙治水""小马拉大车"等体制机制掣肘，积极寻求根本性、长远性、系统性的解决方案，为生态文明建设指明了方向、规划了路径、明确了重点、鼓足了干劲、扫清了障碍。

总之，党的十八大以来，我国生态文明建设和生态环境保护进入认识最深、力度最大、举措最实、推进最快、成效最好的时期，根本在于以习近平同志为核心的党中央的坚强领导，在于习近平生态文明思想的科学指引。习近平生态文明思想把生态环境保护作为功在当代、利在千秋的事业进行战略谋划，强调坚决摒弃损害甚至破坏生态环境的发展模式，坚决摒弃以牺牲生态环境换取一时一地经济增长的做法，将引领建设天蓝、地绿、水净的美丽中国。

第四节　习近平生态文明思想的实践意义

习近平生态文明思想不但具有科学的理论根源、深厚的历史渊源、坚实的时代依据，同时也是经过实践检验、获得普遍认可的思想武器，其影响既体现在国家战略、国家制度层面，也体现在工作推进、实际操作层面。在习近平生态文明思想的指导下，全党全国贯彻绿色发展理念的自觉性和主动性显著增强，生态环境保护思想认识程度之深、污染治理力度之大、制度出台频度之密、监管执法尺度之严、环境质量改善速度之快前所未有。

一、将国家战略布局上升为"五位一体"

2012 年，在组织起草党的十八大报告时，作为起草组组长的习近平同志充分发挥东方文化整体着眼、普遍联系的综合思维优势，明确提出把生态文明建设纳入中国特色社会主义事业"五位一体"总体布局，放在突出地位，融入经济建设、政治建设、文化建设、社会建设各方面和全过程。从"四位一体"上升为"五位一体"，是以习近平同志为核心的党中央在国家战略层面的重大创新，得到了全党全国全社会的广泛认同和积极拥护。

党的十八大以来，习近平总书记领航掌舵、运筹帷幄、以上率下、亲力亲为，将生态文明建设作为中华民族永续发展的根本大计，推动先后写入党章、宪法，上升为党的主张和国家意志，坚定不移走生产发展、生活富裕、生态良好的文明发展道路，加快建设资源节约型、环境友好型社会，推动形成绿色发展方式和生活方式，从战略和全局高度谋划推动了一系列根本性、长远性和开创性工作。习近平生态文明思想，对建设美丽中国、夺取全面建成小康社会决胜阶段的伟大胜利、实现"两个一百年"奋斗目标、实现中华民族伟大复兴的中国梦，具有十分重要的指导意义。

二、推动建立"四梁八柱"的生态文明制度

生态文明体制尤其在基础性制度建设方面，是一个薄弱环节，是深化改革的重点，也是亮点。习近平总书记坚持用最严格制度最严密法治保护生态环境，着力推进用制度管权治吏、护蓝增绿，多次主持召开中央全面深化改革领导小组（委员会）会议，审议通过《生态文明体制改革总体方案》以及四十多项生态文明建设和生态环境保护方面的改革方案。很多重要改革方案如中央生态环境保护督察、党政领导干部生态环境损害责任追究等，都是习近平总书记亲自出题、亲自部署、亲自推动。

《中共中央国务院印发〈生态文明体制改革总体方案〉》

党的十八大以来，在习近平生态文明思想的影响下，以解决制约生态环境保护的体制机制问题为导向，以强化党委、政府及其有关部门生态环境责任和企业环保守法责任为主线，以改革整合、系统提升生态环境质量改善效果为目标，按照源头严防、过程严管、

后果严惩的思路，推动构建产权清晰、多元参与、激励约束并重、系统完整的生态文明制度体系，建立有效约束开发行为和促进绿色循环低碳发展的生态文明法律体系，同时强化行政执法与刑事司法衔接，发挥制度和法治的引导、规制等功能，规范各类开发、利用、保护活动，坚决制止和惩处破坏生态环境的行为，让保护者受益、让损害者受罚、让恶意排污者付出沉重代价，包括自然资源资产产权、国土空间开发保护、空间规划体系、资源总量管理和全面节约、资源有偿使用和生态补偿、环境治理体系、环境治理和生态保护市场体系、生态文明绩效评价考核和责任追究等在内的生态文明制度"四梁八柱"基本形成。

三、指导生态文明建设取得显著成效

党的十八大以来，在习近平生态文明思想的影响下，各地各部门把生态文明建设融入政治建设、经济建设、文化建设、社会建设各方面和全过程，生态文明建设成效显著。

融入政治建设，各级党委和政府绿色执政能力显著增强。生态文明是对工业文明的反思和超越，生态文明建设过程中必将触碰各种利益主体，需要超越各种利益主体之上的政治领导力，才能在政策创新等方面有本质上的突破，真正实现生态环境外部成本内部化。此外，生态环境问题如果处置不当，容易引发社会风险，甚至影响政治安全。党的十八大以来，各级党委和政府牢固树立"四个意识"，将生态文明建设放在更加突出位置，打破简单把发展与保护对立起来的思维束缚，使命感、责任感、紧迫感、自觉性、主动性显著增强，行动更加扎实有力，忽视生态环境保护的状况明显改善，生态环境保护体制改革不断深化，政策制度、法律法规体系不断完善，督察执法力度逐步加大，治理水平稳步提升。2017 年，节能环保产品政府采购规模占同类产品政府采购规模的比例达到70%以上，提升了政府机构的节能环保行为，对社会消费起到了引导示范作用。

融入经济建设，协同推进经济高质量发展和生态环境高水平保护。生态文明要求摒弃"人类中心主义"的工业文明价值观念，运用生态文明的理念和技术等，对"大量生产、大量消耗、大量排放"的工业化模式进行生态化改造，使经济增长与生态环境退化脱钩。习近平总书记始终倡导并坚持绿水青山就是金山银山，始终强调并坚持山水林田湖草是生命共同体。党的十八大以来，布局生产空间、生活空间、生态空间，着力推进供给侧结构性改革，产业结构、能源结构不断优化。2013 年至 2017 年，在淘汰水泥、平板玻璃等落后产能基础上，退出钢铁产能 1.7 亿吨以上、煤炭产能 8 亿吨、水泥 2.3 亿吨、平板玻璃 1.1 亿重量箱，关停煤电机组 1500 万千瓦。绿色产业快速发展，2017 年服务业增加值占比超过半壁江山，对经济增长的贡献率达到 60%左右，以新兴产业为代表的新动能对经济增长贡献率超过 30%。我国成为世界利用新能源和可再生能源的第一大国，除尘、烟气脱硫、城镇污水处理等领域已形成世界规模最大的产业供给能力，全面节约资源有效推进，能源资源消耗强度大幅下降。

融入文化建设，崇尚生态文明的"最大公约数"正在形成。生态文明建设重新审视并超越传统工业文明下的文化价值体系，强调生态价值观念，使中华民族悠久历史中蕴涵的生态文明思想、智慧和文化得以传承和升华。习近平总书记强调坚持生态兴则文明兴，坚持人与自然和谐共生，已经成为社会主义核心价值观的重要内容。党的十八大以来，通过各种形式的宣传教育以及组织中国生态文明奖、绿色年度人物评选与表彰等，引导和激励了更多单位和个人主动参与生态文明建设。越来越多的企业认识到加强生态环境保护符合自身长远利益，依法排污治污、保护生态环境的法治意识和主体意识正在形成。截至 2017 年年底，全国已有 17 个省级环境保护主管部门建立企业环保信用评价工作机制，80 余个市级、240 余个县级环境保护主管部门开展企业环保信用评价工作。生态文明对提高国民素养的影响日益显现，全社会关心环保、参与环保、贡献环保的行动更加自觉。

融入社会建设，一切为了人民，一切依靠人民。生态文明是人民群众共同参与共同建设共同享有的事业。习近平总书记多次郑重强调，人民对美好生活的向往就是我们的奋斗目标，坚持良好生态环境是最普惠的民生福祉，坚持建设美丽中国全民行动。2017 年，"12369" 全国环境保护举报平台共受理群众举报近 61.9 万件。在许多人儿时的记忆里，故乡的天是蓝的，空中白云悠悠，夜晚繁星闪烁；故乡的水是清的，河里鱼虾成群，孩童嬉闹游乐；故乡的山是绿的，树木郁郁葱葱，林中百鸟欢歌。随着经济社会的飞速发展，高楼耸立、车辆川流，许多美丽的色彩悄然淡出了我们的视线，许多动听的声音亦渐行渐远。值得欣慰的是，通过坚决向污染宣战，政府、企业、公众共同发力，解决了许多人民群众反映强烈的生态环境问题，生态环境质量持续改善，很多时候很多地方天又蓝了、水又清了、地又绿了，鸟语花香的自然生态美景又回来了。这些成效让人民群众树立了信心、看到了希望，为构建和谐社会、全面建成小康社会奠定了较好的基础。

第五节 用习近平生态文明思想 指导美丽中国建设

如果说过去是习近平生态文明思想从实践到认识的探索总结阶段，那么从 2018 年全国生态环境保护大会起，已进入从认识再到实践的贯彻落实阶段。要将学习好、宣传好、贯彻好习近平生态文明思想，作为当前和今后一个时期的重要政治任务，既要清晰认识其历史方位和实践基础，又要深刻领会其核心要义和重大意义，更要做到学思用贯通、知信行统一。要用习近平生态文明思想武装头脑、指导实践、推动工作，全面加强党对生态环境保护的领导，通过牢固树立生态价值观念、大力推进绿色发展、着力解决突出环境问题、加大生态保护与修复力度、改革生态环境监管体制等，加快构建以生态价值观念为准则的生态文化体系，以产业生态化和生态产业化为主体的生态经济体系，以改善生态环境质量为核心的目标责任体系，以治理体系和治理能力现代化为保障的生态文明制度体系，以生态系统良性循环和环境风险有效防控为重点的生态安全体系，确保到 2035 年美丽中国目标基本实现，到本世纪中叶建成美丽中国。

一、全面加强党对生态环境保护的领导，坚决打好污染防治攻坚战

我国经济正由高速增长阶段转向高质量发展阶段，但是新型工业化、城镇化、农业现代化尚未完成，相比一些发达国家，我国是在较低的收入水平下，解决多领域、多类型、多层面累计叠加的生

态环境问题，需要跨越一些常规性和非常规性关口，治理的复杂性和难度更大。为决胜全面建成小康社会，提升生态文明，建设美丽中国，党的十九大作出了坚决打好污染防治攻坚战的重大决策部署。习近平总书记在全国生态环境保护大会上指出，打好污染防治攻坚战时间紧、任务重、难度大，是一场大仗、硬仗、苦仗，必须全面加强党的领导。

《中共中央国务院关于全面加强生态环境保护　坚决打好污染防治攻坚战的意见》中将"全面加强党对生态环境保护的领导"独立成章，由过去"政府主导、企业主体、公众参与"的格局上升为"党委领导、政府主导、企业主体、公众参与"的格局，明确地方各级党委和政府主要领导是本行政区域生态环境保护第一责任人，把"党政同责"落实到位，做到重要工作亲自部署、重大问题亲自过问、重要环节亲自协调、重要案件亲自督办。

要抓住关键少数，将"全面加强党对生态环境保护的领导"作为构建以改善生态环境质量为核心的目标责任体系的核心内容，加快构建生态文明体系，细化实化政策措施，确保能落地、可操作、见成效。各相关部门要履行好生态环境保护职责，必须按"一岗双责"的要求抓好生态环境保护，形成明确清晰、环环相扣的"责任链"，把压力层层传导下去，使各部门守土有责、守土尽责、分工协作、共同发力。要继续紧盯关键，严格落实目标责任，强化责任考核，把中央生态环境保护督察向纵深发展，采用"排查、交办、核查、约谈、专项督察"的"五步法"，压实地方各级党委和政府责任，形成抓好生态环境保护、全力治污攻坚的政治理念、制度氛围和刚性约束。

二、牢固树立生态价值观念，内化于心、外化于行，为美丽中国建设注入不竭精神动力

良好的生态环境关系每个地区、每个行业、每个家庭，人人受益，也需要人人参与。当前，仍有一些地方和部门对生态环境保护的认识不到位、责任落实不到位。部分党政机构、企事业单位、社会公民建设生态文明的责任意识尚未全面养成，重发展、轻保护的习惯性思维依然突出。

思想引领行动，价值决定方向。要深入学习领会习近平生态文明思想，深刻把握生态兴则文明兴的深邃历史观、人与自然和谐共生的科学自然观，不断提升对生态文明建设的规律性认识，凝聚最大公约数，画出最大同心圆。要坚持建设美丽中国全民行动，通过建立健全以生态价值观念为准则的生态文化体系，教育广大干部增强"四个意识"，树立正确政绩观，引导全社会切实增强生态文明意识。同时，坚持共谋全球生态文明建设，共创人类绿色福祉。实施积极应对气候变化国家战略，推动和引导建立公平合理、合作共赢的全球气候治理体系。

三、深刻把握绿水青山就是金山银山的重要发展理念，大力推进绿色发展，努力实现绿色富民绿色惠民

加快形成绿色发展方式，是解决污染问题的根本之策。只有从源头上使污染物排放大幅降下来，生态环境质量才能明显好上去。当前，我国经济发展同生态环境保护的矛盾仍然突出，产业结构偏重、产业布局偏乱、能源结构偏煤，经济总量增长与污染物排放总

量增加尚未脱钩，资源环境承载能力已经达到或接近上限，经济社会可持续发展遭遇重大瓶颈制约。

要深刻把握绿水青山就是金山银山的重要发展理念，不能只讲索取不讲投入，不能只讲发展不讲保护，不能只讲利用不讲修复。要划定并严守生态保护红线、环境质量底线、资源利用上线三条红线，坚定不移走生产发展、生活富裕、生态良好的文明发展道路，积极构建以产业生态化和生态产业化为主体的生态经济体系，重点抓好"调结构、优布局、强产业、全链条"，倡导简约适度、绿色低碳的生活方式，加快形成节约资源和保护环境的空间格局、产业结构、生产方式、生活方式。

[案　例]

绿水青山就是金山银山的湖州路径

作为"绿水青山就是金山银山"理念的诞生地，浙江省湖州市以生动的实践在绿水青山与金山银山间画出优美的"等号"，呈现出丰富立体的湖州样本。

从粗放加工到产业集聚——绿水青山逼出金山银山

2004 年开始，长兴县将同质低端无序化竞争的 175 家蓄电池企业重组提升为 16 家蓄电池企业。形成以新型电池为核心，涵盖新能源汽车、装备、材料等较为完整的新能源产业链，孕育出两家超百亿企业。

从低端生产到高端投资——绿水青山引来金山银山

安吉逐步关停矿石开采，将其打造成矿山公园，生态经济之路也越走越宽。以全国1.8%立竹量创造了全国20%竹产值，"中国大竹海""中国竹子博览园"等竹子景区每年接待游客近2000万人次。

吴兴区东林镇清空2600多个龟鳖大棚，养殖户转而实施特色莲藕、"茭白＋泥鳅"套养等生态高效农业项目，良好的生态环境吸引了江南影视城和康养小镇两个百亿级投资项目入驻。

从卖山林到卖风景——绿水青山换来金山银山

过去德清人守着莫干山靠伐竹砍树挣钱，破坏了生态，村民们的生活却只能维持温饱。后来废弃在深山

浙江湖州：废弃矿山复绿变身生态公园 （新华社记者　徐昱／摄）

中的民房偶然间被发现新价值，以"定位高端、经营生态、消费低碳"为开发思路，发展无景点度假休闲旅游"洋家乐"。一张床位一年可以创造税收 10 万元以上，德清县农民人均年收入已经达到 3 万元。

从无尽索取到全力整治——金山银山反哺绿水青山

有了坚定的决心和充足的资金投入，湖州市推行"一根管子接到底，一把扫帚扫到底"的城乡一体化环境治理模式，率先在全省实现镇级污水处理设施全覆盖、一级 A 类排放标准全覆盖、污泥无害化处置设施全覆盖，农村 7072 套生活污水治理终端辐射全市 80% 以上的农村；实现城乡生活垃圾无害化收集和处理全覆盖。

走进湖州，天目山告诉我们，保护生态环境就是保护生产力；太湖水告诉我们，改善生态环境就是发展生产力；特色小镇中崛起的新兴产业告诉我们，优美的生态环境才是高端产业最好的背景；美丽乡村中的"农家乐"告诉我们，绿水青山既是自然财富，又是经济财富、社会财富，是老百姓真正的"钱袋子"。

四、深刻把握良好生态环境是最普惠民生福祉的宗旨精神，着力解决突出环境问题

我国生态环境质量不容乐观，重污染天气、黑臭水体、垃圾围城、生态破坏等问题时有发生，已经成为重要的民生之患、民心之

痛，严重影响了人民群众的生产生活，必须下大力气解决好这些问题。

要深刻把握良好生态环境是最普惠民生福祉的宗旨精神，把人民利益摆在至高无上的地位，着力解决损害群众健康的突出生态环境问题。

要坚决打赢蓝天保卫战，着力打好碧水保卫战，扎实推进净土保卫战，着力解决突出环境问题。抓住重点区域重点领域，大力提升治污能力，集中力量打赢蓝天保卫战，打好柴油货车污染治理、水源地保护、城市黑臭水体治理、长江保护修复、渤海综合治理、农业农村污染治理七大标志性战役，同时开展禁止洋垃圾入境、打击固体废物及危险废物非法转移和倾倒、垃圾焚烧发电行业达标排放、"绿盾"自然保护区监督检查四大专项行动。

各地区各部门要结合实际，因地制宜，对照各项战役的目标任务和时限要求，咬定目标不偏移、实事求是不加码、分步推进不折腾。要以群众真实感受作为检验标准，确保工作务实、过程扎实、结果真实。

五、深刻把握山水林田湖草是生命共同体的系统思想，加大生态保护修复力度

生态保护与污染防治密不可分、相互作用。其中，污染防治好比是分子，生态保护好比是分母，要对分子做好减法降低污染物排放量，对分母做好加法扩大环境容量，协同发力，才能使污染浓度这个分数值得到较快降低。

要深刻把握山水林田湖草是生命共同体的系统思想，在着力解

决突出环境问题的同时，积极构建以生态系统良性循环和环境风险有效防控为重点的生态安全体系。要加快构建以国家公园为主体的自然保护地体系，加大生态保护修复力度，强化整体保护、系统修复、区域统筹、综合治理，实现生态系统自维护、自调节的良性循环，使人类家园焕发勃勃生机、展现自然美丽。要有效防范生态环境风险，始终保持高度警觉，把生态环境风险纳入常态化管理，做好应对任何形式生态环境风险挑战的准备。

六、坚持用最严格制度最严密法治保护生态环境，深化生态环境监管体制改革

生态环境治理是系统工程，要按照系统工程的思路，综合运用行政、市场、法治、科技等多种手段，构建生态环境治理体系，全方位、全地域、全过程开展生态环境保护建设。

要以解决生态环境领域突出问题为导向，坚持用最严格制度最严密法治保护生态环境，继续加大生态文明体制改革力度，建立健全以治理体系和治理能力现代化为保障的生态文明制度体系，增强改革的系统性、整体性和协调性。抓好已出台改革措施的落地，尽快到位、发挥作用。健全生态环境法治体系，加快建立绿色生产和消费的法律制度和政策导向。改革生态环境监管体制，及时制定新的改革方案，强化生态保护修复和污染防治统一监管，统一政策规划标准制定，统一监测评估，统一监督执法，统一督察问责。强化制度执行，该激励的激励、该约束的约束、该惩处的惩处，把制度的刚性和权威立起来。

❧ 本章小结 ❧

习近平生态文明思想深刻回答了为什么建设生态文明、建设什么样的生态文明、怎样建设生态文明等重大理论和实践问题，是我们党的重大理论和实践创新成果，是新时代推动生态文明建设的根本遵循。

深入贯彻习近平生态文明思想要科学把握习近平生态文明思想的内涵，了解其理论贡献与实践意义，以习近平生态文明思想指导建设美丽中国。各地区各部门要把生态文明建设重大部署和重要任务落到实处，让良好生态环境成为人民幸福生活的增长点、成为经济社会持续健康发展的支撑点、成为展现我国良好形象的发力点，为决胜全面建成小康社会、提升生态文明水平、建设美丽中国作出新的更大贡献！

【思考题】

1. 习近平总书记强调，在生态环境保护上要算大账、长远账、整体账、综合账，请思考这些账应该如何算？

2. 结合本地区或本部门工作实际，认真思考如何将习近平生态文明思想落到实处、取得实效？

第二章

大力推进绿色发展

绿色是生命的象征、大自然的底色，绿色更代表了美好生活的希望、人民群众的期盼。绿色发展是高质量发展的基本内涵，也是解决突出环境问题的根本之策。习近平总书记指出，绿色发展方式和生活方式是发展观的一场深刻革命。推动形成绿色发展方式和生活方式，就是要坚持节约资源和保护环境的基本国策，坚持节约优先、保护优先、自然恢复为主的方针，形成节约资源和保护环境的空间格局、产业结构、生产方式、生活方式，努力实现经济社会发展和生态环境保护协同共进，为人民创造良好的生产生活环境。建设美丽中国，推进绿色发展，需要从优化空间布局、调整产业结构、改进生产方式、推进绿色生活等方面入手，统筹谋划、系统施策、全程管控、全民参与、久久为功。

第一节　推进形成绿色空间格局

在 960 多万平方公里的美丽国土上，中华民族繁衍生息、代代相承，创造传扬了五千年灿烂的东方文明。今天，世界上最大规模的城镇化、工业化、农业现代化发展浪潮正在东方大地上快速推进，如何谋划十几亿人口、近百万亿经济总量在国土空间上的布局，是摆在我们面前的重大课题。要坚持尊重自然、立足国情，按照人口资源环境相均衡、经济社会生态效益相统一的原则，坚持以主体功能区规划为统领，以统筹生产、生活、生态空间布局为主线，以完善空间规划体系、强化生态环境管控为抓手，推动形成生产空间集约高效、生活空间宜居适度、生态空间山清水秀、人与自然和谐共生的发展格局。

一、推动区域绿色协调发展

深入实施主体功能区战略。主体功能区是对国土空间开发的战略设计和总体谋划，是对各类空间主导功能的明确定位，体现了国家空间管控的战略意图，是空间规划与空间管控的基础。要加快实施主体功能区战略，推动各地区按照主体优化开发、重点开发、限制开发、禁止开发的功能定位有序发展，坚持生态优先、绿色发展。根据主体功能区规划定位，构建科学合理的城市化格局、农业发展格局、生态安全格局。建立健全规划统筹衔接机制、空间结构动态调整机制、高效管控机制、精细化配套政策体系、差异化绩效考核评价等政策机制等，深入推进主体功能区配套政策完善和市县层面精准落地。

促进四大区域绿色协调发展。我国山地、高原、丘陵占国土面积的 2/3 以上，适宜人类生产生活的仅 280 万平方公里，适宜工业化、城镇化开发的仅 180 万平方公里，独特的地理环境加剧了地区间的不平衡，不同区域实施差异化发展战略是优化国土空间布局的重要内容。1999 年以来，我国逐步形成了西部开发、东北振兴、中部崛起、东部率先发展的区域发展总体格局。在国家主体功能区规划中，以生态恢复和保护为主的功能区大多位于西部地区，要坚持生态优先，强化生态环境保护，有序开发石油、煤炭、天然气等战略性资源。东北地区是我国重要粮食主产区，强化农用地土壤环境保护，守住东北黑土地的质量意义重大。要重点加强大小兴安岭、长白山等森林生态系统保护，维护北方生态安全屏障。中部地区是我国新增长极，要以资源环境承载能力为基础，有序承接产业转移，推进鄱阳湖、洞庭湖生态经济区和淮河、汉江生态经济带建设，加强水环境保护和治理。东部地区是我国创新发展、绿色转型的先行区，要加快探索实现生产发展、生活富裕、生态良好的文明发展道路，为全国提供经验。

二、统筹生产生活生态空间

我国 13 亿多人口，生活在全国城乡各地，既要生产，又要生活，还要有良好的生态环境。要科学有序布局生产空间、生活空间、生态空间，给自然留下更多休养空间，给子孙后代留下天蓝、地绿、水净的美好家园，满足人民美好生活需要。

要完善空间开发保护制度。以战略环评、规划环评推进主体功能区战略深入实施，把禁止开发、限制开发与划定生态保护红线、完善生态补偿机制结合起来，把重点开发与控制行业污染排放总量结合起来，把优化开发与提升行业生产效率标准结合起来，基于资源环境承载能力，确定产业布局和总量，形成更优化的国土空间开发格局。改革规划体制，建立层次分明、上下协调的国土空间治理体系，使主体功能区上下衔接、系统对应。健全自然资源和生态空间的用途管制制度，建立开发许可制度。

要科学布局生产空间、生活空间和生态空间。坚持生态优先，促进城镇化速度、规模与区域资源环境承载能力相匹配相协调，深入推进绿色城镇化建设。大力提高城镇土地利用效率、城镇建成区人口密度；高度重视生态安全，扩大森林、湖泊、湿地等绿色生态空间比重，增强水源涵养能力和环境容量，控制开发强度，增强抵御和减缓自然灾害能力，提高历史文物保护水平。减少工业用地，适当增加生活用地特别是居住用地，切实保护耕地、园地、菜地等农业空间，划定生态红线。将农村废弃地、其他污染土地、工矿用地转化为生态用地，在城镇化地区合理建设绿色生态廊道。

城市是人口聚集的重点，也是生活空间的重点。这就需要根本扭转城市"摊大饼"式的无序增长、低效率开发的空间格局，把创造优良人居环境作为中心目标，遵循自然规律、城市发展规律，强化传承历史、绿色低碳等理念，努力把城市建设成为人与人、人与自然和谐共处的美丽家园。提高城乡宜居性，在城市规划过程中要留白增绿，由原来的做"加法"到现在的做"减法"，让城市与山水林田湖草等绿色空间有机融合，让居民望得见山、看得见水、记得住乡愁，体现城市精神、特色、魅力。将环境容量和城市综合承载能力作为确定城市定位和规模的基本依据，控制城市开发强度，提高集约发展水平，推动城市发展由外延扩张式向内涵提升式转变，推动形成绿色低碳的生产生活方式和城市建设运营模式。要大力开展生态修复，让城市再现绿水青山。

三、完善空间规划体系

国土是美丽中国建设的物质基础、资源来源、空间载体和构成要素。空间规划是国土空间发展的指南，是各类开发建设活动的基本依据，为经济社会发展、城镇产业空间布局、生态环境保护等各类规划提供空间管制保障。因此，要站在社会主义现代化建设全局的角度，统筹城乡发展、区域发展、人与自然和谐发展，建立统一科学的国土空间规划体系。

2015年，中共中央国务院印发了《生态文明体制改革总体方案》。为解决因无序开发、过度开发、分散开发导致的优质耕地和生态空间占用过多、生态破坏、环境污染等问题，《生态文明体制改革总体方案》提出，构建以空间规划为基础、以用途管制为主要手段的国土空间开发保护制度；为解决空间性规划重叠冲突、部门职责交叉重复、地方规划朝令夕改等问题，提出构建以空间治理和空间结构优化为主要内容，全国统一、相互衔接、分级管理的空间规划体系。

编制空间规划，要整合目前各部门分头编制的各类空间性规划，包括城市总体规划、土地利用总体规划等，实现规划全覆盖。为了推进空间规划体系改革，国务院对空间规划管理机构进行了改革，组建自然资源部，统一行使所有国土空间用途管制和生态保护修复职责，着力解决空间规划重叠等问题，将原国土资源部的职责、国家发展和改革委员会的组织编制主体功能区规划职责、住房和城乡建设部的城乡规划管理职责等整合，负责建立空间规划体系并监督实施。

推进市县"多规合一"，统一编制市县空间规划，逐步形成一个市县一个规划、一张蓝图。根据主体功能定位和省级空间规划要求，划定生产空间、生活空间、生态空间，明确城镇建设区、工业区、农村居民点等开发边界，以及耕地、林地、草原、河流、湖泊、湿地等保护边界。

推进完善空间规划体系，就是要构建全国统一、相互衔接、分级管理的国土空间规划体系，整合各类空间规划及管控手段，将国民经济和社会发展规划、城乡规划、土地利用规划等多个规划融合到一个区域，把该开发的地方高效集约开发好，该保护的区域严格保护起来，实现一个市县一个规划，一张蓝图干到底。

[案 例]

海南省"一张蓝图"治了"规划打架"的顽疾

2015 年 6 月，中央全面深化改革领导小组第十三次会议同意海南省开展省域"多规合一"改革试点。海南省从顶层设计做起，以编制《海南省总体规划》为统领，统筹协调主体功能区规划、生态保护红线规划、城镇体系规划、土地利用规划、林地保护利用规划、海洋功能区划六类空间性规划，有效解决了各类规划基础数据、规划依据、技术标准、规划期限不统一等

海南万泉河上游的东平水库景观　　　　　　　　　　（新华社发）

问题，协调处理了重叠图斑 127.9 万块，形成"一张蓝图"，期限管 15 年，保障了规划的长期性、严肃性。

全省园区规划不再"摊大饼"，六个高新技术、信息产业、临空产业、工业园区规划用地，比原有规划土地面积减少逾四成。通过清理闲置土地，全省 394 宗、18.33 平方公里闲置土地得以重新开发建设，提高了资源配置利用效率。

海南省"多规合一"以规划代立项，建立"多规合一"信息数字化管理平台，衔接了省市两级审批系统，囊括了规划符合性检测、项目监管及执法等服务，减少了审批环节。走进软件园的企业服务超市，最快三个半小时，企业就能办完设立手续。项目从申请到竣工验收审批时间从 425 天缩减至 37 天，审批提速达 80% 以上。

四、强化生态环境空间管控

绿色发展首先要坚持尊重自然、顺应自然、保护自然的基本理念，以资源环境承载能力为基础，明确生态环境资源的底线，制定生态环境准入负面清单，强化生态环境空间管控和布局调整，守底线，优发展。《中共中央国务院关于全面加强生态环境保护 坚决打好污染防治攻坚战的意见》强调："省级党委和政府加快确定生态保护红线、环境质量底线、资源利用上线，制定生态环境准入清单，在地方立法、政策制定、规划编制、执法监管中不得变通突破、降低标准，不符合不衔接不适应的于 2020 年年底前完成调整。"

《中共中央国务院关于全面加强生态环境保护 坚决打好污染防治攻坚战的意见》

"生态保护红线、环境质量底线、资源利用上线，生态环境准入清单"简称"三线一单"。"三线一单"是生态环境保护和空间布局的基础，也是生态环境管理的重要依据，对重点区域、重点流域、重点行业和产业布局开展规划环评和环境管理中，要确保发展战略与相关规划不突破"三大红线"，对不符合生态环境功能定位、不符合"三线一单"要求的产业布局、规模和结构要进行调整优化。

我国生态环境问题根本上在于资源环境容量超载，人、地、资源、环境、产业等格局性错配矛盾突出。解决生态环境问题，将源头性、基础性的空间格局确定好，树立底线思维，立好规矩，明确哪些空间是不能触碰的"高压线"，哪些是需要坚定守住的"底线"，才能让发展更高效，保护更充分。通过"三线"框定了资源环境生态的自然本底和承载力的开发利用阈值，通过生态环境准入清单这"一单"规范开发建设的行为，从而为正确处理经济发展与环境保护关系提供基本依据，为推动形成有利于生态环境保护和资源节约的空间布局、产业结构、生产方式和生活方式提供重要抓手。

各级政府要加快构建"三线一单"管控体系，对区域生态环境开展系统评估，统筹衔接资源环境生态保护各项要求，统一落实到各地区环境管控单元，确定生态环境准入清单，明确各区域、各流域、各城市、各单元生态环境管控要求，纳入各地区的生态环境信息化管理平台，支撑空间规划编制实施、生态环境系统管理和统一监管。

对于不符合主体功能区定位要求、不符合空间规划和"三线一单"要求的历史遗留问题，尤其是因我国城镇规模的快速扩张而导致的部分地区原有重污染企业、工业园区等逐步进入城市建成区范围，成为严重影响城乡群众环境健康的重要风险源的问题，要加强清理整治与修复。对城市建成区、人群密集区内污染重、风险大的工业企业、园区，要有序清退或搬迁改造。对那些沿江沿河分布，给群众饮水安全带来隐患的重污染企业、危险化学品企业，要积极优化调整产业布局。

第二节　推进产业结构绿色转型

习近平总书记指出，要加快建立健全"以产业生态化和生态产业化为主体的生态经济体系"。绿色发展，不仅是做减法，加强污染治理，同时还要做加法和乘法，形成新的消费升级动能、经济增长动能和创新发展动能。推进产业结构绿色转型就是其中关键的一环，要深化供给侧结构性改革，坚持传统制造业改造提升与新兴产业培育并重、扩大总量与提质增效并重，抓好生态工业、生态农业、生态旅游，促进一二三产业融合发展，让生态优势变成经济优势。

一、持续推动化解落后和过剩产能

党的十九大报告把深化供给侧结构性改革摆在贯彻新发展理念、建设现代化经济体系这一重大战略部署的第一位，符合国际发展大势和我国发展阶段性要求，也是推进绿色发展的重点任务。坚持去产能、去库存、去杠杆、降成本、补短板（"三去一降一补"）是深化供给侧结构性改革的重点任务，尤其是持续推动化解环境污染重、资源消耗大、达标无望的落后与过剩产能，对推动绿色发展、改善生态环境质量意义重大。

（一）紧盯推进化解产能的重点行业

国际上一般用产能利用率（或设备利用率）作为产能是否过剩的评价指标，产能利用率的正常值区间为79%—83%，超过90%则认为产能不足；低于79%则说明可能存在产能过剩的现象。2017年，我国工业行业产能利用率达到77%，其中煤炭开采和洗选业、黑色金属冶炼和压延加工业产能综合利用率分别为68.2%、75.8%。

党的十八大以来的五年，我国去产能取得明显成效，累计退出钢铁产能1.7亿吨以上，煤炭产能8亿吨。但总体上看，电力热力生产和供应业、煤炭开采和洗选业、房屋和土木工程建筑业、黑色金属冶炼及压延加工业、化学原料及化学制品制造业、非金属矿物制品业、有色金属冶炼及压延加工业、汽车制造业等主要工业行业产能仍处于过剩区间。尤其是一些环境污染重、资源消耗量大的基础原材料产业的落后与过剩产能，仍是去产能的重点。

2018 年《政府工作报告》明确提出，继续破除无效供给，深入推进钢铁、煤炭等行业去产能。各地要根据国家要求，尤其是根据地方实际情况，继续深化钢铁、煤炭、火电、电解铝、水泥、平板玻璃等重点行业落后产能淘汰。从生态环境保护的角度看，生产能力过剩、环境污染严重、环境排放不达标的过剩产能，是被淘汰的重点，应优先化解。

（二）坚决淘汰和退出污染重消耗大的落后产能

落实等量或减量置换方案等措施。产能严重过剩行业项目建设，须制定产能置换方案，实施等量或减量置换，在京津冀、长三角、珠三角等环境敏感区域，实施减量置换。积极发挥中央企业在淘汰和退出落后产能方面的示范带头作用。

结合产业发展实际和环境承载力，通过提高能源消耗、污染物排放标准，严格执行特别排放限值要求，加大执法力度，深化落后产能淘汰工作。分行业制修订并严格执行强制性能耗限额标准，对超过能耗限额标准和环保不达标的企业，实施差别电价和惩罚性电价、水价等差别价格政策。

引导产能有序退出，完善激励和约束政策，研究建立过剩产能退出的法律制度，引导企业主动退出过剩行业。鼓励地方提高淘汰落后产能标准。鼓励各地积极探索政府引导、企业自愿、市场化运作的产能置换指标交易，形成淘汰落后与发展先进的良性互动机制。

[案　例]

山东省分阶段提高排放标准促进造纸行业升级

山东省在全国率先发布了第一个地方行业污染排放标准——《山东省造纸工业水污染物排放标准》，分三个阶段实施：第一阶段草浆造纸外排废水化学需氧量为420毫克/升（当时国家标准是450毫克/升），向行业发出标准即将提高的明确信号；第二阶段草浆造纸外排废水化学需氧量为300毫克/升；第三阶段草浆造纸外排废水化学需氧量为120毫克/升，不到当时国家标准的1/3。《山东省造纸工业水污染物排放标准》实施之后，山东省又发布实施了《山东省海河流域水污染物综合

山东省一家造纸企业的污水处理设备　　　（新华社记者　冯杰/摄）

排放标准》，要求海河流域单位执行化学需氧量为 60 毫克 / 升的排放标准。

标准实施以来，山东没有用行政手段关闭造纸企业，而大批环保不达标的造纸企业因为越来越严的排放标准主动退出了造纸行业。留下的企业直接瞄准了高标准，投巨资组织科技攻关，突破了制浆工艺和废水深度处理回用等技术瓶颈。如今，山东造纸企业仅剩下不足 300 家，但年产量百万吨以上的企业有 6 家，其中 3 家已进入世界造纸前 50 强。在经济快速增长的背景下，山东省水环境质量连续十几年明显改善。

二、推进产业体系绿色升级

坚持化解产能与产业升级相结合，充分发挥生态环境保护的倒逼作用，以新技术、新产业、新业态、新模式为核心，在农业、制造业、服务业领域中激发生态资源禀赋产业化的新功能，强化知识、技术、信息、数据等新生产要素的支撑作用，持续推动传统产业的改造升级，提高发展质量和效率。

（一）推动"生态＋农业"新模式的发展

深入推进农业绿色化、优质化、特色化、品牌化，推动农业由增产导向转向提质导向，实施产业兴村强县行动，培育农产品品牌，保护地理标志农产品。大力发展绿色生态健康养殖，打造生态农场，做大做强民族奶业，科学布局近远海养殖和远洋渔业，建设现代化海洋牧场。因地制宜创建一批特色生态旅游示范村镇和精品线路，鼓励发展风情小镇、房车露营、精品民宿等旅游休闲消费新业态，推动住宿餐饮业发展绿色饭店、主题酒店、有机餐饮、中央厨房、农家乐等新型服务模式，打造绿色生态环保的乡村生态旅游产业链。

（二）发展先进制造业，推动传统产业升级

先进制造业既包括新技术催生的新产业新业态新模式，也包括利用先进适用技术、工艺、流程、材料、管理等改造提升落后的传统产业，要坚持做强增量和调优存量两手抓。

做大做强新兴产业。突出抓好大飞机、航空发动机和燃气轮机、集成电路、新材料、新能源汽车、5G 等重点领域创新突破。加强规划和政策引导，对新技术新业态采取鼓励创新、包容审慎的监管模式。在夯实基础、掌握核心技术上下功夫，推动重大技术突破和关联技术升级，打造一批新兴产业集群和龙头企业。把重点放在培育和建设先进制造业基地上，有计划地建设一批开发区和特色工业园区。

改造提升传统产业。没有落后的产业，只有落后的技术。要充分运用好、发挥好传统产业的比较优势，引导企业积极开发新产品，不断提高产品性能，持续改进生产工艺，实现优质制造，更好地适应和引领消费需求。以深化制造业与互联网融合发展为重心，支持企业加快数字化、网络化、智能化改造，大力发展个性化定制、网络化协同、云制造，促进形成数字经济时代的新型供给能力。

（三）打造服务业竞争新优势

积极发展平台经济、众包经济、创客经济、跨界经济、分享经

济等新型服务模式。统筹规划发展现代物流，加快建设现代物流市场体系、设施网络体系和信息服务体系。积极推广连锁经营、电子商务、物流配送等新型经营形式和流通业态，加快改造提升商贸等传统服务业。

深度融入全球服务分工体系，优化和提升服务供给结构和层次。推广复制自贸区新一批改革试点经验，依托已经设立的自由贸易试验区，建立完善海关监管、检验检疫、退税、跨境支付、物流快递等支撑体系。

支持与"一带一路"沿线区域及国内主要经济区建立跨境电商平台和保税商品展示交易平台，支持跨境电子商务等品牌化发展，规范建设出口产品海外仓。引导企业灵活地采用品牌特许经营、品牌租借、贴牌与创牌等方式扩大规模，提升实力。

三、加快发展节能环保产业

当前推动供给侧结构性改革，尤其需要加快培育壮大新动能，加快新旧动能转换。美国、德国、日本等发达国家，在环境治理过程中，持续培育环保装备、环保技术与环保服务业，不仅有效推进了本国的环境治理，还引领了世界环保产业发展。党的十九大报告提出，壮大节能环保产业、清洁生产产业、清洁能源产业，这既是支撑生态环境治理的产业基础，也是国家大力发展战略性新兴产业、建设绿色低碳循环发展产业体系的重要领域。

（一）加大投入带动节能环保产业发展

重大环保基础设施建设、生态保护与修复工程、资源循环低碳产业、节能环保技术领域的各项投资等绿色产业成为引领经济发展的重要引擎。结合"十三五"规划重点领域和"一带一路"建设、京津冀协同发展、长江经济带发展、粤港澳大湾区建设等重大区域战略布局，积极规划和实施清洁能源、空气质量改善、水系统治理、土壤环境保护、生态保护与修复、废弃物资源循环利用、美丽乡村农村建设、智慧环保等节能环保、清洁生产、清洁能源重大工程，以节能环保大投入带动产业大发展。

（二）推进节能环保产业市场化进程

各地应进一步加大财政资金支持力度，探索构建基于清洁生产水平差异化金融服务体系，从政策和资金两方面夯实产业发展基础。加强对环境第三方治理、政府购买环境服务、环境监测社会化服务、环境PPP制度的引导、培育和支持。探索水价、污水处理、垃圾处理等税费标准改革，增强环保产业盈利能力。鼓励发展环保技术咨询、系统设计、运营管理等专业化服务。严格规范市场，建立环境服务企业绩效考核机制和诚信机制。

[延伸阅读]

国务院批复淮河、汉江生态经济带发展规划

2018年6月6日、8日，国务院批复同意《淮河生态经济带发展规划》和《汉江生态经济带发展规划》，

要求着力改善淮河和汉江流域生态环境，共抓大保护，不搞大开发，着力推进绿色发展。

实施《淮河生态经济带发展规划》，要着力推进绿色发展，改善淮河流域生态环境，实施创新驱动发展战略，深化体制机制改革，构建全方位开放格局，促进区域协调发展，推动经济发展质量变革、效率变革、动力变革，建设现代化经济体系，增进民生福祉，加快建成美丽宜居、充满活力、和谐有序的生态经济带。

实施《汉江生态经济带发展规划》，要围绕改善提升汉江流域生态环境，共抓大保护，不搞大开发，加快生态文明体制改革，推进绿色发展，着力解决突出环境问题，加大生态系统保护力度；围绕推动质量变革、效率变革、动力变革，推进创新驱动发展，加快产业结构优化升级，进一步提升新型城镇化水平，打造美丽、畅通、创新、幸福、开放、活力的生态经济带。

第三节　推进生产方式绿色转型

坚持以技术创新为先导，以资源能源节约和高效利用为抓手，全方位全过程推进生产方式的绿色低碳循环化改造，在生产的全过程中提高绿色发展水平。

一、构建绿色技术创新体系

习近平总书记指出，"要发挥市场对技术研发方向、路线选择、要素价格、各类创新要素配置的导向作用"，这为充分发挥市场导向作用，构建要素完备、目标明确、功能齐全、运行有效的绿色技术创新体系指明了努力方向，提供了基本遵循原则。

（一）利用市场机制高效集聚绿色技术创新资源

探索建立政府公共引导基金，健全多层次财政补贴体系，提高税收绿色化程度，征收环境税，推动企业积极研发绿色技术。完善绿色技术资本市场和融资机制，完善绿色信贷政策，鼓励开展碳金融产品创新。积极构建以价格机制为主的市场机制，建立健全用能权、用水权、排污权、碳排放权初始分配制度，以市场手段倒逼绿色创新。

（二）加强绿色制造技术研发

绿色制造技术是以绿色理念为指导，综合运用以绿色设计、绿色工艺、绿色包装、绿色生产等为一体的科学技术。其目标是使产品从设计、制造、包装、运输、使用到报废处理的整个生命周期中，对环境负面影响最小，资源利用率最高，并使企业经济效益和社会效益协调优化。要大力支持节能环保、清洁生产、清洁能源等技术的研究工作，推进工业产品生态设计，加快源头预防生产技术与工艺的研发与应用，推动绿色"中国制造2025"。要积极探索绿色技术创新模式，建立资源循环、高效利用、低碳节约的绿色产业链创新工程。

（三）加强绿色技术的成果转化

通过产学研用合作和产业创新联盟形式，鼓励以企业为主体开展技术创新，争取重大关键技术突破。建立绿色技术推广应用平台，积极推进节能环保、清洁生产、清洁能源等重点领域的技术试点工程，促进先进技术装备的应用推广。

二、全面节约和高效利用资源

科学把握我国资源国情，牢固树立节约集约循环利用的资源观，加大改革创新力度，推动全面节约和高效利用资源。

（一）实行资源总量和强度双控

我国自然资源稀缺，开发强度大，资源利用效率较低，要实施严格的自然资源开发管控制度，对水资源、土地资源、能源等实施资源开发总量和强度的双管控，既要控制总量，也要控制单位生产总值能耗、水耗、建设用地强度，并将其纳入经济社会发展综合评价体系，考评结果作为考核领导班子和选拔任用干部的重要依据。

要健全完善约束性指标管控体系，提高节能、节水、节地、节材、节矿标准，把资源利用双控目标同环境改善目标、经济发展目标、社会和谐目标有机结合起来，建立目标责任制，合理分解落实。要理顺资源价格体系，建立双控的市场化机制、预算管理制度、有偿使用和交易制度、自然资源价格体系，建立资源利用的审查、准入、核定和违法处罚制度。

（二）高效利用和节约水资源

解决中国水短缺、水污染问题，节水是根本出路。到目前为止，我国基本上以农业用水的零增长保障了粮食连年丰收，以用水总量的微增长保障了经济中高速增长。但我国水资源开发强度依然处于较高水平，海河、黄河、辽河流域水资源过度开发，利用率超过水资源可再生能力分别高达 106%、82%、76%，远远超过国际公认的 40% 的水资源开发生态警戒线，强化节水任重道远。

要严守水资源"红线"。我国出台了《"十三五"水资源消耗总量和强度双控行动方案》《节水型社会建设"十三五"规划》《全民节水行动计划》，31 个省（区、市）用水指标分解到地市。到 2020 年，全国年用水总量控制在 6700 亿立方米以内，万元国内生产总值用水量、万元工业增加值用水量分别比 2015 年下降 23% 和 20%，农田灌溉水有效利用系数提高到 0.55 以上。

要拧紧"水龙头"，倒逼用水方式转变。因地制宜地推进农业节水，力争农业用水零增长。全面加强工业、服务业和生活节水，重点实施高耗水工业行业节水技术改造。严控高耗水服务业，全面建设节水企业、节水公共机构、节水城市、节水小区、节水家庭。

（三）坚持最严格的节约用地制度

从人均占有土地尤其是人均占有耕地的角度看，我国是土地资源相当贫乏的国家。要保障城镇化持续快速健康发展，建设完备的城乡基础设施和优美城市，保障粮食安全，必须实施最严格的土地管理制度，强化土地资源总量与开发强度管控。

我国土地资源的开发总量控制，主要体现在耕地与城镇建设用地两个方面。《国土资源"十三五"规划纲要》将耕地保有量不低于 18.65 亿亩，新增建设用地不超过 3256 万亩作为约束性指标。同时国家还制定了"十三五"各地区单位 GDP 建设用地使用面积下降目标，作为提高土地资源利用效率的基准线，分解到全国各地。

新增建设用地规模控制要严，实施建设用地总量控制和减量化管理，强化对新增建设用地规模、结构、时序安排的调控，推进城镇低效用地再开发和工矿废弃地复垦，严格控制农村集体建设用地规模。建立完善土地使用标准体系，各类用地标准管理要严，严格开发利用准入条件，分地区、按产业健全完善土地使用标准体系，降低工业用地比例。建设用地空间管制要严，实行城乡建设用地扩展边界控制，在全面划定永久基本农田基础上，加快划定城市开发边界，加强产业发展与用地的空间协同。

三、推动能源生产和消费革命

能源是人类社会发展的物质基础。党的十九大报告强调，推动能源生产和消费革命，构建清洁低碳、安全高效的能源体系。中国的能源问题事关国家安全、经济发展全局，也关乎生态环境保护与大气环境质量改善，影响重大。加快推动能源结构调整，减少煤炭消费，增加清洁能源使用，是我国污染防治攻坚战的重点任务之一，也是促进绿色发展的重点领域。

（一）推进能源生产和消费革命

立足我国依然是世界上最大的发展中国家、仍处于社会主义初级阶段的基本国情，坚持保障安全、节约优先、绿色低碳、主动创新的战略导向，加快推进能源生产和消费革命。到 2020 年，根本扭转能源消费粗放增长方式，能源消费总量控制在 50 亿吨标准煤以内，煤炭消费比重进一步降低，清洁能源成为能源增量主体，非化石能源占比 15%，单位国内生产总值二氧化碳排放比 2015 年下降 18%；单位国内生产总值能耗比 2015 年下降 15%。2021—2030 年，能源消费总量控制在 60 亿吨标准煤以内，非化石能源占能源消费总量比重达到 20% 左右，天然气占比达到 15% 左右。

各级政府要将开展能源生产和消费革命作为能源体系建设的重要内容，显著提高能源利用效率，提高清洁能源供给比例，持之以恒地实施节能降耗，遏制能源消费快速增长的势头。京津冀、汾渭平原等地区，要下大力气化解高耗能行业过程产能，减少煤炭资源消耗。北方地区，大力控制散煤消耗，加大清洁取暖和清洁能源替代力度。

（二）优化能源结构

2017 年，我国一次能源生产总量约 35.9 亿吨标准煤，比上年增长 3.6%，是世界第一大能源生产和消费大国；煤炭消费量占能源消费总量的 60.4%，天然气、水电、核电、风电等清洁能源消费量占能源消费总量的 20.8%。目前，我国原油对外依存度超过 65%，二氧化硫、氮氧化物、PM2.5 等排放都居世界前列，能源生产和消费对生态环境损害严重，必须持续增加清洁能源使用，减少煤炭消费。

立足我国富煤少气贫油的资源国情，实施能源供给侧结构性改革，推进煤炭转型发展。煤炭是我国主体能源和重要工业原料，支撑了我国经济社会快速发展，还将长期发挥重要作用，要大力推动煤炭清洁高效开发利用。实现煤炭集中使用，多种途径推动优质能源替代民用散煤，大力推广煤改气、煤改电工程。制定更严格的煤炭产品质量标准，逐步减少并全面禁止劣质散煤直接燃烧。大力推进煤炭清洁利用，建立健全煤炭质量管理体系，完善煤炭清洁储运体系，加强煤炭质量全过程监督管理。不断提高煤电机组效率，降低供电煤耗，全面推广世界一流水平的能效标准，建立世界最清洁的煤电体系。结合棚户区改造等城镇化建设，发展热电联产。在钢铁、水泥等重点行业以及锅炉、窑炉等重点领域推广煤炭清洁高效利用技术和设备等。

大力发展清洁能源，大幅增加生产供应，实现增量需求主要依靠清洁能源。推动非化石能源跨越式发展。坚持分布式和集中式并举，以分布式利用为主，推动可再生能源高比例发展。大力发展风能、太阳能，广泛开发生物质能，加快生物质供热、生物天然气、农村沼气发展，扩大城市垃圾发电规模。在保护生态环境的前提下，适度发展水电、地热能。积极推动天然气国内供应能力倍增发展。

采用我国和国际最新核安全标准，安全高效发展核电，显著提高核设施、放射源安全水平。持续提高核电厂安全运行水平，加强在建核电机组质量监督，确保新建核电厂满足国际最新核安全标准。加快研究堆、核燃料循环设施安全改进。优化核安全设备许可管理，提高核安全设备质量和可靠性。实施加强放射源安全行动计划。加快老旧核设施退役和放射性废物处理处置，进一步提升放射性废物处理处置能力，督促铀矿冶企业加快关停设施退役治理和环境修复，加强铀矿冶和伴生放射性矿监督管理。强化核与辐射安全监管体系和能力建设。强化国家、区域、省级核事故应急物资储备能力建设。建立国家核安全监控预警和应急响应平台，完善全国辐射环境监测网络，加强国家、省、地市级核与辐射安全监管能力。

（三）强化能源节约

能源变革的关键在于科技进步。在传统能源领域，开展传统化石能源清洁节约和高效利用技术研发和利用，大幅减少能源生产和使用过程中污染物排放，加强能源伴生资源综合利用，构建清洁、循环的能源技术体系。在可再生能源领域，重点发展更高效率、更低成本、更灵活的风能和太阳能利用技术，因地制宜发展生物质能、地热能、海洋能利用技术。

强化能源消耗总量和强度约束性指标管理，同步推进产业结构和能源消费结构调整，有效落实节能优先方针，全面提升城乡优质用能水平，从根本上抑制不合理消费，大幅度提高能源利用效率，加快形成能源节约型社会。控制能源消费总量，以控制能源消费总量和强度为核心，完善措施、强化手段，建立健全用能权制度，形成全社会共同治理的能源总量管理体系。强化工业生产能效管理，持续实施能效"领跑者"制度，通过树立行业标杆，引领全行业节能降耗。

四、积极应对气候变化

中国政府紧紧把应对气候变化作为实现可持续和绿色低碳发展的内在要求，大力发展低碳经济，强化温室气体排放控制，增强适应气候变化能力，实现全球气候治理和国内生态文明建设的相互促进、相互支持。

（一）落实气候变化的战略目标

2015 年，我国向联合国气候变化框架公约秘书处提交了《强化应对气候变化行动——中国国家自主贡献》。文件确定我国 2030 年的自主行动目标为：二氧化碳排放 2030 年左右达到峰值并争取尽早达峰；单位国内生产总值二氧化碳排放比 2005 年下降 60%—65%，非化石能源占一次能源消费比重达到 20% 左右，森林蓄积量比 2005 年增加 45 亿立方米左右。这一战略目标的确定，体现了我国作为世界上最大发展中国家自觉践行绿色发展理念，主动控制能源资源消耗和温室气体排放的责任担当，是推动共建清洁美丽世界的具体举措。

要统筹国外和国内大局，除了积极参与《巴黎协定》相关实施规则的谈判之外，还将以有效控制温室气体排放和积极适应气候变化为主题，坚持科技创新、管理创新和体制机制创新相结合，全面深化改革，实现绿色低碳协同发展，兑现国家自主减排承诺目标。

各地要将适应和减缓气候变化影响纳入各级政府发展目标。将适应气候变化影响对策纳入经济建设和社会发展规划，完善气候变化及其对生态与环境影响的监测预警工作。加强灾害应急处置能力，建立气象灾害及其次生、衍生灾害应急处置机制，加强灾害防御协作联动。加大科普宣传力度，在基础教育、高等教育中纳入适应气候变化内容，提升公众适应意识和能力，广泛开展适应知识宣传普及，营造全民参与的良好环境。

（二）增强适应气候变化能力

通过增加森林、草原、湿地等碳汇方式，实施降低温室气体存量与控制增量。一是增加森林碳汇。全面实施《全国造林绿化规划纲要（2011—2020年）》，深入开展全民义务植树，着力推进旱区、京津冀等重点区域造林绿化，加快退耕还林、石漠化综合治理、京津风沙源治理、"三北"及长江流域等重点防护林体系建设、天然林资源保护等林业重点工程。着力推进全国林业碳汇计量监测体系建设，开展土地利用变化与林业碳汇计量监测工作。二是增加其他碳汇。大力加强草原生态保护建设，加快建立系统完整的湿地保护修复制度，增强湿地碳汇功能。

（三）控制其他温室气体排放，形成各类温室气体协同共促的良好减排局面

一是加强非二氧化碳温室气体管理。针对五个重要非二氧化碳温室气体排放源采取积极行动，将非二氧化碳温室气体减排与二氧化碳减排、空气污染治理相结合，探索和运用气候变化政策与改善区域环境质量政策的协同作用。实施加速淘汰含氢氯氟烃(HCFCs)的管理计划，积极开展非二氧化碳温室气体管控研究。二是控制重点活动温室气体排放。在农业活动方面，大力推广化肥农药减量增效技术，推动农村沼气转型升级，提高秸秆综合利用水平，推广省柴节煤炉灶炕，开发农村太阳能和微水电，实施保护性耕作等，减少农业温室气体排放。在废弃物处理方面，积极控制城市污水、垃圾处理过程中的甲烷排放，完善城市废弃物标准，实施生活垃圾处理收费制度，推广利用先进的垃圾焚烧技术，制定促进填埋气体回收利用的激励政策。

[延伸阅读]

应对气候变化国际合作进程

以国际气候谈判为主线，应对气候变化国际合作进程可划分为四个阶段：

第一阶段为 1988—1994 年。1988 年政府间气候变化专门委员会成立，将气候变化问题列为影响自然生态环境、威胁人类生存基础的重大问题；1992 年联合国环境与发展大会通过《联合国气候变化框架公约》，为气候变化谈判确立基本框架，并于 1994 年正式生效。

第二阶段为 1995—2005 年，国际合作进程处于低谷时期。1997 年《京都议定书》通过，2005 年生效，首次以法规形式规定了发达国家控制温室气体排放的义务。然而一些发达国家不仅没能履行减排承诺，还将温室气体减排问题引向主要的发展中国家。

第三阶段为 2006—2013 年，国际气候谈判呈现群雄纷争局面。《京都议定书》历经 8 年艰难谈判终于生效，明确规定了 2008—2012 年第一承诺期内发达国家温室气体排放控制目标。各方争相树立良好国际形象，出现中国、美国和欧盟"三足鼎立"的博弈格局。

第四阶段为 2014 年起至今，应对气候变化在国际政治舞台上再次升温。2015 年《巴黎协定》确立了 2020 年后全球应对气候变化制度的总体框架，明确了以"国家自主贡献"为基础的减排机制。然而《巴黎协定》生效后不久，美国采取消极态度宣布退出《巴黎协定》。但全球气候治理进程不会逆转，中国将继续坚定履行《巴黎协定》承诺。

五、大力发展循环经济

发展循环经济是推进生态文明、实现绿色发展的重要举措。我国于 2009 年正式实施《循环经济促进法》，2017 年《循环发展引领行动》印发实施，明确了"十三五"时期循环发展的主要指标，确立了构建循环型产业体系、完善城市循环发展体系、壮大资源循环利用产业、强化制度供给、激发循环发展新动能、实施重大专项行动等重点任务。

（一）完善循环经济制度体系

落实生产者责任延伸制度，率先在复合包装物、报废汽车、动力电池、铅蓄电池等领域开展制度设计，合理界定生产商、进口商、销售商、消费者等各类主体责任。将企业履行生产者延伸责任信息、资源循环利用信息、再生产品质量信息等纳入全国统一信息共享平台，实行企业绿色信用评价。

（二）选择重点领域率先突破

坚持减量化、再利用、再循环，以城市为重点，启动资源循环利用基地建设行动。推动实现废旧金属、轮胎、建筑垃圾、生物质废弃物等各类城市废弃物统一回收，自动分类和高值利用。以园区为重点，开展资源循环利用示范基地和生态工业园区建设，推进园区循环化改造行动。加强对长江经济带的涉水类园区，京津冀地区的涉气类园区，珠三角地区的石化、轻工、建材等园区的循环化改造。统筹规划京津冀地区再生资源、工业固废、生活垃圾资源化利用和无害化处置设施，建设一批跨区域资源综合利用协同发展重大示范工程。以商业模式为重点，实施"互联网+"资源循环行动。推动回收行业建设线上线下融合的回收网络，建立重点品种的全生命周期追溯机制。

[知识链接]

"十三五"时期循环发展主要指标要求

分类	指标	单位	2015年	2020年	2020年比2015年提高（%）
综合指标	主要资源产出率	元/吨	5994	6893	15
	主要废弃物循环利用率	%	47.6	54.6	7
专项指标	能源产出率	元/吨标煤	14028	16511	17.7
	水资源产出率	元/立方米	97.6	126.8	29.9
	建设用地产出率	万元/公顷	154.6	200.4	29.6
	农作物秸秆综合利用率	%	80.1	85	4.9个百分点

续表

分类	指标	单位	2015年	2020年	2020年比2015年提高（%）
专项指标	一般工业固体废物综合利用率	%	65	73	8个百分点
	规模以上工业企业重复用水率	%	89	91	2个百分点
	主要再生资源回收率	%	78	82	4个百分点
	城市餐厨废弃物资源化处理率	%	10	20	10个百分点
	城市再生水利用率	%	—	20	—
	资源循环利用产业总产值	亿元	1.8万	3万	67

资料来源：《循环发展引领行动》，国家发展和改革委员会网站，2017年5月4日。

第四节 加快形成绿色生活方式

习近平总书记指出，面向未来，世界现代化人口仍将快速增长，如果依照现存资源消耗模式生活的话，那是不可想象的。生活涉及老百姓的衣食住行各个方面，从早到晚，从头到脚，几乎每个人每天每一个生活细节都会涉及绿色或不绿色的选择问题。加快推动生活方式绿色化，就是要倡导简约适度、绿色低碳的生活方式，反对奢侈浪费和不合理消费，努力实现生活方式和消费模式向勤俭节约、绿色低碳、文明健康的方向转变。近年来，生态环境部、国家发展和改革委员会等部门积极推动生活方式绿色化、促进绿色消费，开展"美丽中国，我是行动者"主题实践活动，发布《公民生态环境行为规范（试行）》。全国各地、各行业在推广绿色生活方式的实践中，取得了积极进展，如开展衣物回收、实行"光盘行动"、采用环保建材、实施垃圾分类、使用共享单车等。但是，公众绿色生活的意识和理念仍不够强，绿色产品和服务的供给还不能有效匹配相应需求。一方面要通过大力推动绿色示范创建，以点带面，在全社会营造良好的绿色生活氛围；另一方面要增加绿色产品和服务供给，以生活方式的绿色革命，倒逼生产方式绿色转型。

一、大力推动绿色示范创建

党的十九大报告明确提出，"开展创建节约型机关、绿色家庭、绿色学校、绿色社区和绿色出行等行动"。创建节约型机关就是要发挥政府率先垂范作用，树立标杆。绿色学校则是青少年广泛参与生态文明建设的平台，是培养具有生态环境意识、促进可持续发展能力未来人才的摇篮。社区是社会的基础组成，是公民生活的基本单元，社区的绿色发展是区域、国家乃至全球可持续发展的根基。绿色家庭虽然主要体现为个体的绿色选择，但其示范效应不可忽视。而绿色出行则更多体现为如何创造适应绿色出行需求的各种条件。

（一）创建节约型机关

完善节约型公共机构评价标准，制定用水、用电、用油指标，建立健全定额管理制度。提高办公设备和资产使用效率，鼓励纸张双面打印。推进信息系统建设和数据共享共用，积极推行无纸化办公。使用政府资金建设的公共建筑全面执行绿色建筑标准，凡具备条件的办公区要安装雨水回收系统和中水利用设施。到2020年，全部省级机关和50%以上的省级事业单位建成节水型单位。完善绿色采购制度。严格执行政府对节能环保产品的优先采购和强制采购制度，扩大政府绿色采购范围。具备条件的公共机构要利用内部停车场资源规划建设电动汽车专用停车位，比例不低于10%。此外，严格执行《党政机关厉行节约反对浪费条例》，严禁超标准配车、超标准接待和高消费娱乐等行为，细化明确各类公务活动标准，严禁浪费。以各级党政机关及党员领导干部为带动，坚决抵制生活奢靡、贪图享乐等不正之风，大力破除讲排场、比阔气等陋习，抵制过度消费，以身作则，营造"节约光荣，浪费可耻"的社会氛围。

（二）建设绿色学校

著名教育家苏霍姆林斯基曾说过：学校的每一面墙壁、每一块绿地、每一个角落，都成为会说话的老师，使学生随时随地受到感染与熏陶，得到无声的教育。充分发挥课堂教学的主渠道作用、校园文化的熏陶作用、社会实践的培养作用，通过修订义务教育课程标准，把生态文明教育内容和要求纳入相关课程目标，鼓励各地各校根据本地历史文化和地方特色，编制地方教材和校本教材，培养广大青少年垃圾分类、爱护动植物、节约资源、过低碳生活的生态环境保护意识。除了学校之外，我国具有政府背景的国家公园、自然保护区、动物园、植物园、博物馆等，均不同程度地面向公众设置了自然教育体验活动。如深圳市华侨城湿地自然学校，成为深圳市第一所"自然学校"，秉承"一间教室，一支环保志愿教师队伍，一套教材"的宗旨，致力于改变人们与自然的疏离，远离"大自然缺失症"，感受自然的美好，收获内心的平静；在真实的自然环境中体验和学习，建立对自然万物的尊重与敬畏，从而培养守护自然的承诺与责任感，引导生态环境保护行为。

（三）创建绿色社区

社区的规划模式、住宅设计、管理运行和生活方式等，都会影响到土地资源及水资源的利用、能源消费、居住环境质量、居民身体健康、社区人文氛围等。绿色社区建设，主要内容包括通过社区环保宣传栏、教育馆、楼道文化以及大型广告牌、墙体标语等"户外媒体"，打造绿色社区宣教阵地；开展"爱心超市""闲置物品交换会""跳蚤市场"等形式多样的家庭闲置物品交换活动；采用圆桌对话等方式化解社区餐饮商铺污水、油烟和噪声扰民等环境矛盾。建立公众个人的环境行为规范，如公民家庭环保规范、公共场所环境行为规范、公众应对环境和自然灾害的规范、公众消费行为规范等。建立个人环境信用制度，让环境违法者承担违法违规的长期个人成本，引导社会改变忽视生态环境保护的思维和行为习惯。此外，随着科技的进步和发展，绿色社区将采用更多节能低碳新技术、利用信息化平台等工具，打造优美宜居的新型智能社区。

（四）培育绿色家庭

我国有近 4 亿个家庭，如果每一个家庭都使用节水器具，每天节约 1 升水，一年可节水 1.46 亿立方米，相当于一个大型水库的库容量。如果使用节能电器，合理控制夏季空调和冬季取暖室内温度，减少无效照明，减少电器设备待机能耗等等，每周节约 1 度电，一年可节电 208 亿千瓦时，相当于 7 个大型火电厂的年发电量；如果绿色出行，每月少用 1 升燃油，一年可节油 413 万吨，减排二氧化碳 1300 万吨；如果关心生态环境，每年种上 1 棵树，一年就能增加 3200 公顷林地。如果重用手绢、重拎布袋子、重提菜篮子，减少使用一次性日用品，垃圾围城、堆积如山的现象就可以得到有效缓解。如果每个家庭都自觉践行"绿色温饱"，环境污染和生态破坏就会明显减少。如果按照生态学原理设计住宅户型、使用环保材料进行装修，家庭就更温馨健康，社会就更美好和谐。如果每天向绿色家庭迈出一小步，我们向富强民主文明和谐美丽的中国就能迈出一大步！

[案 例]

上海明确生活垃圾"四分类"

上海市明确用"四分类"标准，即按照有害垃圾、可回收物、湿垃圾和干垃圾进行分类，规范生活垃圾处理。

上海要在"十三五"末建成生活垃圾分类投放、

上海市一些小学生将餐后垃圾分类投放 （新华社记者 陈飞/摄）

分类收集、分类运输、分类处理的全程分类体系。在技术系统方面，将重点建设、升级一批硬件设施，到2020年最终形成覆盖全市的8000个再生资源回收服务点，从而确保生活垃圾从投放到处置整个过程的顺畅无阻。

在政策系统方面，上海将大力推进"硬约束＋软引导"。"硬约束"方面，上海将通过三年行动计划，明确所有末端处置设施的责任归属和任务节点，倒逼所在地政府部门严格落实"时间表"和"任务清单"，确保相关项目如期投入使用。同时，针对单位的生活垃圾分类，绿化市容部门还在牵头研究"杠杆机制"，对分类彻底的单位进行奖励，对执行不力的单位给予增加处置费用等惩罚。"软引导"方面，上海将探索"自助积分""自由兑换"等方式，增强"绿色账户"的活力和吸引力。上海还将考虑出台相关政策，鼓励湿垃圾循环利用产生的有机介质"还林"，改善上海绿化用地肥力不足的现状。

（五）鼓励绿色出行

大力发展城市公共交通，提高公共交通出行比例。全国各地都将大力发展城市公共交通作为重点，提高公共交通出行率。到2020年，全国城市公共交通出行分担率达30%以上，其中特大城市在40%以上，城市交通绿色出行分担率达到80%左右；到2030年，全国城市公共交通出行分担率达50%以上，其中特大城市在60%以上，城市交通绿色出行分担率达到90%左右。

积极转变公共交通服务思路，优化设计自行车道、公交、地铁立体式无缝衔接出行服务网络，为绿色交通提供便捷、准时、高效的服务方式。推广公众出行信息服务系统、公共物流信息平台等建设与应用。推动采取财政、税收、政府采购等措施，推广应用节能环保型和新能源机动车，加快电动汽车充电基础设施建设，首先从公车、公共汽车做起，合理控制燃油机动车保有量。在重污染天气等特殊情况下，推动公众主动减少机动车使用。驾驶机动车时，停车3分钟以上应熄火。

大力开展绿色出行宣传，倡导"135"绿色低碳出行方式（1公里以内步行，3公里以内骑自行车，5公里左右乘坐公共交通工具）。

二、增加绿色产品和服务供给

公众在践行绿色生活方式过程中，必然选择资源节约、环境友好的产品和服务，更多绿色、生态产品的消费需求以及相关配套政策的完善，将激励行业和企业注重环境保护、资源节约、安全健康和回收利用。

（一）完善绿色产品推广政策

由于我国目前缺乏系统的绿色产品标准，很多技术含量高的绿色产品未被消费者了解，而且一些消费过程中节能、减排的产品，在生产端未必是绿色的，但消费者无法根据自己的知识进行判断。一些"伪绿色"商家打着"绿色"旗号售卖非环境友好商品，但目前缺乏有效的惩治措施。截至 2017 年年底，我国环境标识认证涵盖 99 大类产品，已有 4000 余家企业生产的约 40 万种规格型号的产品获得了中国环境标识认证，产品涉及汽车、建材、纺织、电子、日化、家具、包装等多个行业，逐步在政府、企业、消费者之间搭建了一座连接绿色生产和可持续消费的桥梁，对社会绿色消费起到巨大的推动和示范作用。

进一步做好绿色产品的推广工作，健全标识认证体系，完善经济政策，引导企业采用先进的设计理念、使用环保原材料、提高清洁生产水平。一是逐步将目前分头设立的环保、节能、节水、循环、低碳、再生、有机等产品统一整合为绿色产品，建立统一的绿色产品认证、标识等体系，加强绿色产品质量监管。二是探索创新绿色交易模式，鼓励共享经济、服务租赁、二手交易平台等新商业模式，积极推动社会盘活存量，减少闲置资料。三是完善对绿色产品研发生产、运输配送、购买使用的财税金融支持和政府采购等政策，对符合条件的节能、节水、环保、资源综合利用项目或产品，可以按规定享受相关税收优惠。把高耗能、高污染产品及部分高档消费品纳入消费税征收范围。落实好新能源汽车充电设施的奖补政策和电动汽车用电价格政策。完善居民用电、用水、用气阶梯价格。四是推动生产企业主动披露产品和服务的能效、水效、环境绩效、碳排放等信息，推动实施企业产品标准自我公开声明和监督制度。鼓励企业建立绿色供应链系统，促进绿色采购，加大对生命周期过程中环境影响较小、环境绩效较优企业所提供的产品与服务的采购力度。引导和支持企业加大对绿色产品研发、设计和制造的投入，加快先进技术成果转化应用，不断提高产品和服务的资源环境效益。

（二）大力发展绿色物流

快递业的快速发展，虽然方便了人们的生活，但同时也增加了资源消耗和固体废弃物的排放。2017 年，全国 400.6 亿件快递使用了约 110.5 亿个包装袋，8 亿条中转用塑料袋，48 亿个封套，4 亿卷（91 米／卷）快递胶带，12 亿个包装箱，产生约 800 万吨废弃物，占全国生活垃圾总量的 2%。除了资源浪费，一次性使用的快递包装存在污染问题，胶带、填充物等主要成分为聚氯乙烯，不能自然降解，如果焚烧还会产生刺鼻气味，损害健康，污染环境。有的商品故意增加包装层数，在内包装和外包装间增加中包装，外观漂亮，名不副实；有的商品包装体积过大，实际产品很小，喧宾夺主；还有的商品采用过厚的衬垫材料，保护功能过剩，也属于过度包装。此外，快递包装材料消耗资源数量巨大，且很多为一次性使用塑料制品。我国每年消耗的 3 亿立方米木材中，近1/10用于各种产品包装。

加强绿色包装、绿色配送、绿色回收、绿色智能等绿色物流体系的构建。加强对包装印刷企业的环境整治力度，引导鼓励企业采用环保材料，提升印刷过程中挥发性有机物的防治水平，加强包装印刷废物妥善进行无害化处理处置力度。推动包装减量化、无害化，鼓励采用可降解、无污染、可循环利用的包装材料，推动绿色包装材料的研发和生产，推动淘汰污染严重、健康风险大的包装材料。鼓励网上购物绿色包装，推动网络销售龙头企业制定和实施绿色包装指南，引导有关行业协会组织电商企业开展网上购物绿色包装自律行动。

同时，要落实《废弃电器电子产品回收处理管理条例》，促进废弃电器电子产品回收、资源化利用、无害化处理。依法推动建立并严格执行机动车环境保护召回制度，由于设计、生产缺陷导致机动车排放大气污染物超过标准的，生产、进口企业应当召回。加强对报废机动车等废旧资源回收利用行业的生态环境监管，避免二次污染。

～ 本章小结 ～

绿色发展是发展观的一场深刻革命。绿色发展要从思想上转变观念，牢固树立"绿水青山就是金山银山"的绿色发展观。要从空间格局上下功夫，推动区域绿色协调发展，科学布局生产、生活、生态空间，构建"多规合一"空间规划体系和"三线一单"管控体系；要在产业结构上下功夫，优先化解过剩产能，努力实现农业、工业、服务业三大产业体系的绿色升级；要在生产方式上下功夫，坚决摒弃高污染、高消耗、高排放的生产方式，大力发展清洁能源，坚定不移地走绿色低碳循环生产之路；要在生活方式上下功夫，增加绿色产品和服务的供给，提高公民绿色生活意识，做到全民动员、人人行动，切实践行低碳简约的绿色生活。

【思考题】

1. 绿色发展为什么是保护环境的根本之策？

2. 资源贫瘠地区如何充分利用有限资源实现"绿色"与"发展"的双赢？

3. 居民生活离不开衣食住行，结合当地情况谈谈如何推动公民衣食住行的绿色化？

第三章
着力解决突出环境问题

　　习近平总书记在党的十九大报告中指出，在全面建成小康社会的决胜期，特别要坚决打好防范化解重大风险、精准脱贫、污染防治的攻坚战，着力解决突出环境问题。《中共中央国务院关于全面加强生态环境保护　坚决打好污染防治攻坚战的意见》，对打好污染防治攻坚战进行了全面部署与安排。解决突出环境问题，打好污染防治攻坚战，要以落实党的十九大精神、全国生态环境保护大会精神要求为重点，以蓝天保卫战为重中之重，坚持一切从实际出发，紧盯目标，稳扎稳打，分步推进，打好七大标志性战役、实施四大专项行动，推动生态文明建设迈上新台阶，确保生态环境质量总体改善，使全面建成小康社会得到人民认可、经得起历史检验。

第一节　坚决打好污染防治攻坚战

我国生态文明建设和生态环境保护正处于关键期、攻坚期、窗口期，生态环境质量持续好转，但成效并不稳固，重污染天气、黑臭水体、垃圾围城、农村环境污染等问题正成为影响百姓环境福祉、引发社会风险的重要方面。解决这些突出环境问题，需要不畏难、不犹豫、不退缩，集中优势兵力，采取更有效的政策举措，坚决打好污染防治攻坚战。

一、必须以攻坚作战的方式解决当前的突出环境问题

（一）环境污染重、污染物排放量大、环境风险高，亟待集中攻坚

2017 年，全国 338 个地级及以上城市中环境空气质量达标的仅占 29.3％，重点时段重污染天气仍然高发、频发。各地黑臭水体整治进展不均衡，环境污染治理基础设施薄弱，城市污水管网建设严重滞后，仍有大量污水直排。2017 年，我国主要污染物排放量仍停留在千万吨级水平，单位国土面积上的污染物排放总量超过美国、欧盟 2—4 倍。部分企业布局在江河沿岸，与饮用水水源犬牙交错，新兴污染物、特征污染物给人体健康与生态安全带来风险隐患，环境风险防范不容忽视。这些问题棘手难办，触及的利益错综复杂，在特定的时期，不痛下决心、集中攻坚，难以有效解决。

（二）全面小康目标的生态环境短板必须加快补齐

从 2000 年建设小康社会，到 2020 年全面建成小康社会，20 年时间全党全国努力的方向就在于"全面"两字。习近平总书记深刻阐述了"全面建成小康社会"的内涵，即"小康全面不全面，生态环境质量是关键"，"全面小康，覆盖的领域要全面，是五位一体全面进步……不能长的很长、短的很短"。当前，生态环境是"全面"小康的突出短板，我们应举全党全国之力，集中力量，加快补齐，直接关乎第一个百年奋斗目标的实现，这是一项摆在我们面前的、必须攻坚完成的历史任务和时代使命。

（三）人民对良好生态环境的需求必须加快满足

当前，中国特色社会主义进入新时代，解决人民日益增长的美好生活需要和不平衡不充分的发展之间的矛盾对生态环境保护提出许多新要求，特别是要解决好优美生态环境需要与更多优质生态产品供给不足之间的矛盾。"盼环保""求生态""环境美"已成为人民幸福生活的新内涵。全国"两会"反映社情民意，2018 年全国"两会"提案中关于生态文明建设的提案 403 件，占比达到 9.08%，聚焦的议题主要包括打好污染防治攻坚战、打赢蓝天保卫战、整治农村人居环境等，人民对生态环境的关注与心声可见一斑。人民对美好生活的向往发生转变，需要我们根据需求方向的转变加大攻坚力度。

（四）高质量发展阶段必须跨过污染防治攻关口

一个阶段有一个阶段的发展重点和价值取舍。当前，我国已经由高速发展转向高质量发展阶段，环境不能作为无价低价的生产要素被忽视，也不能仅仅将其作为支撑发展的一个条件，而应把生态环境资源作为稀缺资源要素，予以高标准保护、大力度修复。因此，实现高质量发展，污染防治攻坚战就是需要跨越的重要的非常规关口。必须咬紧牙关，坚决扭转粗放型发展的惯性模式，爬过这个坡，迈过这个坎。

（五）攻坚作战的条件与能力已基本具备

我国生态环境保护也到了有条件不破坏、有能力修复的阶段，打好污染防治攻坚战面临难得机遇。一是以习近平同志为核心的党中央高度重视，尤其是总书记领航掌舵、率先垂范、亲力亲为，为打好污染防治攻坚战提供了重要思想指引和政治保障。二是全党全国贯彻绿色发展理念的自觉性和主动性显著增强，加大污染治理力度的群众基础更加坚实，为打好污染防治攻坚战创造了很好条件。三是全国各地生态环境经过长时期、大规模的治理，积累了丰富的管理与实践经验，积累了一批生态环境治理技术力量、人才队伍、产业集团和成功案例，基本具备了解决我国复杂生态环境问题的经济技术条件。

[延伸阅读]

《关于保持基础设施领域补短板力度的指导意见》

2018 年 10 月 31 日，国务院办公厅印发《关于保持基础设施领域补短板力度的指导意见》，指出，要保持基础设施领域补短板力度，进一步完善基础设施和公共服务，提升基础设施供给质量，更好发挥有效投资对优化供给结构的关键性作用，保持经济平稳健康发展。聚焦短板，着力补齐铁路、公路、水运、机场、水利、能源、农业农村、生态环保、社会民生等领域短板，加快推进已纳入规划的重大项目。

《关于保持基础设施领域补短板力度的指导意见》提出，加强地方政府专项债券资金和项目管理，地方政府建立专项债券项目安排协调机制，加强地方发展改革、财政部门间的沟通衔接，确保专项债券发行收入重点用于在建项目和补短板重大项目。加大对在建项目和补短板重大项目的金融支持力度，对已签订借款合同的必要在建项目，金融机构可在依法合规和切实有效防范风险的前提下继续保障融资。规范有序推进政府和社会资本合作项目，鼓励地方依法合规采用政府和社会资本合作等方式，撬动社会资本特别是民间投资投入补短板重大项目。

二、污染防治攻坚战主要目标

攻坚作战首先要明确目标。要坚持远近结合、坚守底线、全面统筹、尽力而为的原则，聚焦 2020 年并兼顾远期目标，与现行规划、计划等相衔接，确保目标可行可达。

（一）聚焦 2020 年目标要求攻坚作战

污染防治攻坚战的总体目标为，到 2020 年生态环境质量总体改善，主要污染物排放总量大幅减少，环境风险得到有效管控，生态环境保护水平同全面建成小康社会目标相适应。

2020 年污染防治攻坚战目标实现将为中长期目标奠定坚实基础，即通过加快构建生态文明体系，确保到 2035 年节约资源和保护生态环境的空间格局、产业结构、生产方式、生活方式总体形成，生态环境质量实现根本好转，美丽中国目标基本实现。到本世纪中叶，生态文明全面提升，实现生态环境领域国家治理体系和治理能力现代化。

（二）主要指标强调延续稳定

污染防治攻坚战涉及空气质量、水环境质量、土壤环境质量、生态状况、主要污染物排放总量减少等 5 大类 13 项具体指标，是在统筹了《"十三五"生态环境保护规划》《大气污染防治行动计划》《水污染防治行动计划》《土壤污染防治行动计划》等规划基础上的科学决策，强调重点问题切实得到解决，重点任务扎扎实实完成，保持了连续性与稳定性，是全国各地必须确保完成的底线。

《"十三五"生态环境保护规划》

（三）积极稳妥制定作战目标

各地结合国家污染防治攻坚战目标指标制定本区域目标时，要遵循以下四项原则：一是坚持远近结合，坚定到 2020 年打赢污染防治攻坚战目标不动摇，同时多点发力、纵深推进；二是坚持坚守底线，国家明确的具体指标必须达到，进展快、效果好的地方要巩固提升，进展慢、效果差的地方要迎头赶上，扎扎实实围绕目标解决问题；三是坚持全面统筹，污染防治和生态保护要统筹，沿海地区要做好陆地和海洋统筹，各地域各领域都要加强统筹；四是坚持尽力而为，既要全力攻坚，加快改善生态环境质量，又要保持定力和恒心，久久为功。

三、污染防治攻坚战重点任务

（一）坚决打好三大保卫战

坚决打赢蓝天保卫战。国务院出台了《打赢蓝天保卫战三年行动计划》，以京津冀、长三角、汾渭平原等重点区域为主战场，调整"四个结构"，做到"四减四增"，强化区域联防联控和重污染天气应对，进一步明显降低 PM2.5 浓度，明显减少重污染天数，明显改善大气环境质量，明显增强人民的蓝天幸福感。

着力打好碧水保卫战。深入实施《水污染防治行动计划》，扎实推进河长制、湖长制，坚持污染减排和生态扩容两手发力，加快工业、农业、生活污染源和水生态系统整治，保障饮用水安全，消除城市黑臭水体，减少污染严重水体和不达标水体。

扎实推进净土保卫战。全面实施《土壤污染防治行动计划》，突出重点区域、行业和污染物，有效管控农用地和城市建设用地土壤环境风险。

[延伸阅读]

调整"四个结构"，做到"四减四增"

中央财经委员会第一次会议强调，打好污染防治攻坚战，要坚持源头防治，调整"四个结构"，做到"四减四增"。

以"散乱污"企业综合整治和"两高"行业产能控制为重点，大力调整产业结构，减少过剩和落后产能，增加新动能。以散煤综合治理和燃煤小锅炉小窑炉淘汰为重点，推动能源结构优化，减少煤炭消费，增加清洁能源使用。以大宗货运为突破口，调整运输结构，减少公路运输，增加铁路货运比例。调整农业投入结构，减少化肥农药使用量，增加有机肥使用量。

（二）以七大标志性战役带动全面攻坚作战

为了打好三大保卫战，要打几场标志性战役，包括打赢蓝天保卫战，打好柴油货车污染治理、城市黑臭水体治理、渤海综合治理、长江保护修复、水源地保护、农业农村污染治理攻坚战，作为打好污染防治攻坚战的突破口和"牛鼻子"，以重点突破带动整体推进，确保三年内明显见效。

（三）实施专项督察行动

针对当前自然保护区生态破坏、洋垃圾进口污染等突出环境问题，开展"绿盾2018"自然保护区监督检查专项行动、落实《禁止洋垃圾入境推进固体废物进口管理制度改革实施方案》、打击固体废物及危险废物非法转移和倾倒、垃圾焚烧发电行业达标排放等四大专项督察行动，作为打好污染防治攻坚战的有力抓手。

[知识链接]

污染防治攻坚战的重点任务

三大保卫战	标志性战役	专项行动	推进重点
蓝天保卫战	打赢蓝天保卫战	—	是污染防治攻坚战的重中之重，强调必须打赢。总体思路是"四个四"：突出四个重点、优化四大结构、强化四项支撑、实现四个明显
	打好柴油货车污染治理		
碧水保卫战	城市黑臭水体治理	—	在攻坚目标上，强调保好水、治差水，保障群众饮水安全，守住水环境质量底线。在攻坚举措上，强调减排和扩容两手发力
	渤海综合治理		
	长江保护修复		
	水源地保护		
	农业农村污染治理攻坚战		

续表

三大保卫战	标志性战役	专项行动	推进重点
净土保卫战	—	垃圾焚烧发电行业达标排放	紧紧围绕改善土壤环境质量、防控环境风险目标，打基础、建体系、守底线
		落实《禁止洋垃圾入境推进固体废物进口管理制度改革实施方案》	
		打击固体废物及危险废物非法转移和倾倒	
—	—	"绿盾"自然保护区监督检查	实现31个省（区、市）全覆盖，严肃查处违法违规问题，压实责任

四、如何打好打胜污染防治攻坚战

污染防治攻坚战是一项涉及面广、综合性强、艰巨复杂的系统工程，从系统工程和全局角度寻求新的治理之道，要树立思路、确立战略、优化战术，坚持一切从实际出发，要统筹兼顾、整体施策、多措并举，从全方位、全地域、全过程、全生命周期角度打好污染防治攻坚战。

打赢打胜污染防治攻坚战，要坚持保护优先、强化问题导向、突出改革创新、注重依法监管、推进全民共治的基本原则，并确立正确的战略思路，体现为"五个一"的要求。一是明确一个指导思想，即以习近平生态文明思想为指导，坚持统筹兼顾，协同推动经济高质量发展和生态环境高水平保护；二是压实一个政治责任，坚决担负起生态文明建设和生态环境保护的政治责任，实施"党政同责、一岗双责"，省委书记、市委书记、县委书记，省长、市长、县长对本行政区域的生态环境保护工作及生态环境质量负总责；三是把握一个核心目标，即环境质量只能变好、不能变坏，这是环境质量底线，也是地方各级党委、政府生态环保责任红线，一定要不越底线、不踩红线，同时兼顾污染物排放总量和环境风险防控；四是立足一个基本实际，坚持问题导向、目标导向、能力导向，一切从实际出发，什么问题突出就解决什么问题，坚定立场不动摇，咬住目标不放松，不断加强生态环保能力建设，确保 2020 年、2035 年及本世纪中叶生态环保目标实现；五是形成一套策略方法，抓紧建立"天地空"一体化生态环境监测体系，不断壮大生态环境执法、生态环境保护督察队伍和力量，加强生态文明宣传教育，使生态文明的理念渗透到每个人心中，不断提高全社会的生态意识和素质。

打赢打胜污染防治攻坚战，要深入贯彻实施"六个坚持"战术。一是坚持稳中求进，既要打攻坚战，又要打持久战。既要坚定不移打好攻坚战，确保到 2020 年实现全面小康社会目标，同时，我国环境问题错综复杂，解决起来也绝非一朝一夕之功，必须做好打持久战的准备。二是坚持统筹兼顾，既追求环境效益，又追求经济和社会效益。充分发挥生态环境保护倒逼作用，推动经济结构转型升级、新旧动能接续转化，让生态环境保护服务于高质量发展，实现生态环境保护与经济发展的双赢。三是坚持综合施策，既要注重运用好行政和法制手段，也要建立和运用好经济、市场和技术手段。

四是坚持两手发力，既要抓宏观顶层设计，又要抓微观推动落实。国家在宏观层面抓好顶层设计、政策制定和综合协调，各地区在微观层面抓好督察执法、传递压力、落实责任、推动见效。五是坚持突出重点，既要全面部署、全面推进，又要有所侧重、分轻重缓急，不搞眉毛胡子一把抓，因事施策、因地制宜。六是坚持求真务实，既要妥善解决好历史遗留问题，又要把基础夯实；既要肯定成绩、树立信心，又要直面问题、较真碰硬。

第二节　打赢蓝天保卫战

空气是人类赖以生存的环境因素，蓝天也是幸福。2013 年以来，大气环境质量在全国范围和平均水平上总体向好，但与人民群众对空气质量改善的期望相比仍有较大差距。党的十九大报告提出要坚持全民共治、源头防治，持续实施大气污染防治行动，打赢蓝天保卫战。这要求在工作领域上，突出四个重点，以京津冀及周边地区大气污染传输通道上"2+26"城市（包括北京市，天津市，河北省石家庄、唐山、廊坊、保定、沧州、衡水、邢台、邯郸市，山西省太原、阳泉、长治、晋城市，山东省济南、淄博、济宁、德州、聊城、滨州、菏泽市，河南省郑州、开封、安阳、鹤壁、新乡、焦作、濮阳市）、长三角地区、汾渭平原等区域为重点；以超标最严重的 $PM_{2.5}$ 作为重点指标；以工业、散煤、重型柴油货车、扬尘等作为重点领域；以重污染天气发生频率最高的秋冬季作为重点时段。在任务措施上，坚持四个结构调整，即大力调整优化产业结构、能源结构、运输结构和用地结构。在支撑上，强化四个方面重点工作，要强化生态环保执法督察、区域联防联控、科技创新、宣传引导，并最终在目标上实现"四个明显"，即明显降低 PM2.5 浓度、明显减少重污染天数、明显改善大气环境质量、明显增强人民的蓝天幸福感。

一、强化"散乱污"企业综合整治

"散乱污"企业既严重污染环境，又扰乱市场秩序，已成为群众反映强烈的突出环境问题，必须持续推进综合整治。一是实施分类处置。对关停取缔类的，基本做到"两断三清"（切断工业用水、用电，清除原料、产品、生产设备）；对整合搬迁类的，要按照产业发展规模化、现代化的原则，搬迁至工业园区并实施升级改造；对升级改造类的，树立行业标杆，实施清洁生产技术改造，全面提升污染治理水平。二是完善认定标准和整改要求，建立"散乱污"企业动态管理机制，坚决杜绝"散乱污"项目建设和已取缔的企业异地转移、死灰复燃。三是对"散乱污"企业集群实行整体整治，制定总体整改方案并向社会公开，同步推进区域环境整治工作。

各地在强化"散乱污"企业综合整治时，要严禁"散乱污"企业整治"一刀切"，要紧紧把握"污"这个核心，深入研判、科学认定"散乱污"企业，坚决禁止将不产生污染的企业列入"散乱污"，坚决反对"以停代治""以停代管"等敷衍应对做法；不得对具有合法手续且符合生态环境保护要求的企业采取集中停产整治措施；对手续不全、严重污染环境、不能稳定达标排放、没有治理价值的企业，坚决取缔关停。

[案 例]

京津冀及周边地区 2017—2018 年秋冬季 "散乱污"治理成效

2017 年"2+26"城市开展了拉网式排查，建立"散乱污"企业管理台账。截至 2017 年 10 月底，"2+26"城市共排查出涉气"散乱污"企业 6.2 万家，其中，关停取缔 4.6 万家，整改提升 1.6 万家，搬迁入园 700 多家。

通过"散乱污"企业综合治理，以整治落后的"减法"换来了动能转换的"加法"，在抓环境治理的同时实现了生态环境保护、经济发展、改善民生多赢，达到了"一石三鸟"的预期目标。"散乱污"企业整治对

河北廊坊整治"散乱污"企业 　　　　　　（新华社记者　王晓／摄）

PM_{2.5}浓度下降贡献率达 30％左右；推进供给侧结构性改革，促进产业转型升级，实现特色产业提档升级；落实全面依法治国，营造公平公正市场环境，"劣币驱逐良币"问题得到了较好解决。

二、推进重点行业污染治理升级改造

2015 年我国全面实施燃煤电厂超低排放和节能改造，截至 2017 年年底，全国累计完成燃煤机组超低排放改造 7 亿千瓦，占煤电机组总装机容量的 71％。今后我国将进入非电领域大气治理的关键时期。

推进重点行业污染治理升级改造，一是要推动实施钢铁等行业超低排放改造，重点区域城市建成区内焦炉实施炉体加罩封闭，并对废气进行收集处理。制定实施重点行业限期整治方案，升级改造环保设施，加大检查核查力度，确保稳定达标。二是重点区域二氧化硫、氮氧化物、颗粒物、挥发性有机物要全面执行大气污染物特别排放限值。近年来，我国环保标准不断修订更新，水泥、钢铁、石油炼化、石化等行业排放标准都有不同程度收严，需要实现全面稳定达标排放并有效引导行业清洁化进程。

三、加快推进北方地区冬季清洁取暖

推进北方地区冬季清洁取暖，对改善环境空气质量至关重要。散煤燃烧效率低、污染大，1 吨散煤排放的污染物约为燃煤锅炉排放水平的 2.6 倍，是实现超低排放燃煤电厂排放水平的 15 倍。北方地区采用超低排放的热电联产集中供暖面积仅占总采暖面积的 17%，2 亿吨左右的取暖散烧煤是冬季大气重污染的主要原因。2017 年冬季，京津冀地区 PM2.5 浓度实现了大幅度的下降，其中散煤的治理贡献率达到了 30%—40%。

加大散煤治理力度，坚定不移推进北方地区冬季清洁取暖，优先以乡镇或区县为单元整体推进。推进清洁取暖坚持五个原则。坚持统筹协调温暖过冬与清洁取暖，保障群众温暖过冬；坚持以供定需、以气定改，根据天然气签订合同量确定"煤改气"户数；坚持因地制宜、多元施策，宜电则电、宜气则气、宜煤则煤、宜热则热；坚持突出重点、有取有舍，重点推进京津冀及周边地区和汾渭平原散煤治理；坚持先立后破、不立不破，在新的取暖方式没有稳定供应之前，原有取暖设备不予拆除。

[案　例]

京津冀及周边地区 2017—2018 年秋冬季散煤清洁化替代工作成效

2017 年，为确保"大气十条"目标全面完成，原环境保护部会同相关部委出台了《京津冀及周边地区 2017—2018 年秋冬季大气污染综合治理攻坚行动方案》，对京津冀及周边地区主要污染物减排和空气质量改善起到了决定性的作用。

调整能源结构方面，突出抓好"2+26"城市散煤清洁化替代工作。2017年，"2+26"城市完成以电代煤、以气代煤（以下简称"双代"）394万户，替代散煤1000万吨左右，在京、津、保、廊建成近万平方公里的"散煤禁燃区"，北京市城六区及南部平原地区实现无煤化。北京、天津、保定、廊坊、石家庄是散煤治理的重点城市，占"2+26"城市"双代"工作量的57%，采暖季PM2.5平均浓度均下降40%以上，名列"2+26"城市改善前五位。河北省全面实施散煤替代的10个区县"双代区"和没有开展相关工作的10个区县"非双代区"相比，2017年12月至2018年2月，PM2.5平均浓度低28微克/立方米，降低30%。

四、加大燃煤锅炉整治力度

我国有燃煤工业锅炉近50万台，占各类工业锅炉85%左右，年消耗燃煤仅次于电站锅炉。其中有近37万台是老式燃煤链条炉排锅炉，单台平均容量仅为每小时3.8吨，实际运行效率不足60%—65%，普遍存在着平均运行热效率低、能耗大、污染重的问题。尤其是每小时10蒸吨以下锅炉大多没有安装高效环保设备设施，煤的灰分、硫分较高，技术装备落后，污染严重。

整治燃煤锅炉，一是加大燃煤小锅炉淘汰力度，县级及以上城市建成区基本淘汰每小时10蒸吨及以下燃煤锅炉及茶水炉、经营性炉灶、储粮烘干设备等燃煤设施，原则上不再新建每小时35蒸吨及以下的燃煤锅炉，重点区域基本淘汰每小时 35 蒸吨以下燃煤锅炉，对每小时 65 蒸吨及以上燃煤锅炉进行节能和超低排放改造；二是加大对纯凝机组和热电联产机组技术改造力度，加快供热管网建设，充分释放和提高供热能力，淘汰管网覆盖范围内的燃煤锅炉和散煤，在不具备热电联产集中供热条件的地区，现有多台燃煤小锅炉的，可按照等容量替代原则建设大容量燃煤锅炉。

五、强化柴油货车污染治理

截至 2017 年年底，我国柴油车保有量 1956.7 万辆，仅占机动车保有量的 6.3%、汽车保有量的 9.4%，但柴油车排放了占机动车排放总量 63.4% 的氮氧化物和 95.9% 的颗粒物。柴油车尤其是柴油货车，已经成为机动车污染防治乃至一些地区大气污染防治的重中之重。

强化柴油货车污染治理，一是要优化调整货物运输结构，降低公路货运总量；二是要以开展柴油货车超标排放专项整治为抓手，统筹开展油、路、车治理和机动车船污染防治，实施清洁柴油车（机）、清洁运输和清洁油品行动，确保柴油货车污染排放总量明显下降；三是要强化源头监管，加强新车生产、销售、注册登记等环节监督抽查，加大路检路查力度，依托超限超载检查站点等，开展柴油货车污染控制装置、车载诊断系统（OBD）、尾气排放达标情况等监督抽查，严厉查处机动车超标排放行为；四是要加强非道路移动源污染防治，低排放控制区、港口码头和民航通用机场禁止使用冒黑烟等高排放非道路移动机械，对违法行为依法实施顶格处罚，并对业主单位依法实施按日连续处罚，加快老旧工程机械淘汰力度，大力推进叉车、牵引车采用新能源或清洁能源。

[知识链接]

大气污染的形成及其来源

大气污染是指大气中一些物质的含量达到有害的程度以至破坏生态系统和人类正常生存和发展的条件，对人或物造成危害的现象。大气污染物按形成过程分类可包括一次污染物和二次污染物。一次污染物是指由自然界、人类活动或污染源直接产生的污染物。二次污染物则主要是由排入环境中的一次污染物在大气环境中经物理、化学或生物因素作用下发生变化或与环境中其他物质发生反应后，转化形成的与一次污染物物理、化学性状不同的新污染物，如硫酸盐、硝酸盐、臭氧、二次有机物等。二次污染物一般毒性较一次污染物强，对生物和人体的危害也更严重。

大气污染主要来源于工业生产、煤炭燃烧和机动车尾气。

工业生产会排出大量烟、粉尘等一次颗粒物（如钢铁尘），还会在各种工业过程中排放出二次粒子（如硫酸盐、硝酸盐）的前体物如二氧化硫、氮氧化物及有机污染物。

煤炭燃烧会产生大量一次污染物如煤烟尘、二氧化碳、一氧化碳，同时还会产生大量气态前体物，如二氧化硫、氮氧化物、硫化氢、多环芳烃等有机污染物。散煤燃烧排放的污染物比高架源排放的污染物对地面空气质量的影响更大。

机动车排放的氮氧化物和挥发性有机物是大气光化学反应的重要前体物，也是城市颗粒物主要二次组分硝酸盐和二次有机气溶胶的前体物。另外，机动车排放产生的烃类和氮氧化物在强烈紫外线照射下生成的光化学烟雾还是臭氧污染的主要来源。臭氧一般隐藏在万里晴空之中，但危害却丝毫不亚于PM2.5，成为"拖累"空气质量的"罪魁"。

六、加强扬尘综合治理

根据主要城市PM2.5来源解析结果，扬尘对大气污染"贡献率"为10%—40%。目前扬尘控制还存在不少薄弱环节，如城市中心道路扬尘控制很好，但城乡接合部、农村还存在很多没有铺装的路面。绿化裸地、提高植被覆盖率可有效控制扬尘污染。另外，还需要大力提高扬尘污染的精细化管理水平，一是施工工地要做到工地周边围挡、物料堆放覆盖、土方开挖湿法作业、路面硬化、出入车辆清洗、渣土车辆密闭运输"六个百分之百"；二是加强道路扬尘综合整治，大力推进道路清扫保洁机械化作业，提高道路机械化清扫率；三是严格渣土运输车辆规范化管理，渣土运输车要密闭。

七、深化挥发性有机物污染治理

挥发性有机物来源可分为天然源和人为源两种。人为源挥发性有机物来源广泛，多以无组织排放为主，治理难度大，防治工作基础薄弱，存在排放基数不清、排放标准和检测标准体系不完善等问题，已经成为一些地区污染防治的瓶颈，对大气氧化性增加、臭氧超标影响大。

深化挥发性有机物污染治理，一是要制定实施石化、化工、工业涂装、包装印刷等挥发性有机物排放重点行业和油品储运销综合整治方案，出台泄漏检测与修复标准，编制挥发性有机物治理技术指南等措施推进挥发性有机物综合治理；二是要开展挥发性有机物整治专项执法行动，严厉打击违法排污行为，对治理效果差、技术服务能力弱、运营管理水平低的治理单位，公布名单，实行联合惩戒，扶持培育挥发性有机物治理和服务专业化规模化龙头企业。

八、有效应对重污染天气

重污染天气频发是当前全社会最关注的问题之一，特别是2017年京津冀及周边地区、汾渭平原城市平均重污染天数分别达到18天、21天，是全国平均水平的3倍左右，不仅给人民群众生产生活带来严重影响，也抵消了全年空气质量改善效果。

重污染天气对$PM_{2.5}$浓度有明显的抬升作用，有效应对重污染天气是改善空气质量的重要手段。一要提高空气质量预测预报能力。预测预报能力需达到5—7天，才能确保提前决策，提早采取应急减排措施。二要加强重污染天气应急联动。统一发布预警信息，统一预警分级标准，区域内各相关城市按级别启动应急响应措施，实施区域应急联动。三要夯实应急减排措施。细化措施要求，落实到企业各工艺环节，实施"一厂一策"清单化管理。合理实施秋冬季重点行业错峰生产，加大秋冬季工业企业生产调控力度，科学制定错峰生产方案，实施差别化管理。

[延伸阅读]

《大气污染防治行动计划》取得的成果

2013 年国务院发布了《大气污染防治行动计划》（简称"大气十条"），提出了十项大气污染防治重点措施，这是第一个国家层面上控制大气污染的行动计划。"大气十条"实施以来，在以习近平同志为核心的党中央坚强有力领导下，各地区各部门狠抓贯彻落实，取得了显著成果。

一、空气质量改善目标全面实现

2017 年，京津冀、长三角、珠三角等重点区域 PM2.5 平均浓度比 2013 年分别下降 39.6％、34.3％、27.7％，珠三角区域 PM2.5 平均浓度连续三年达标；北京市 PM2.5 平均浓度从 2013 年 89.5 微克／立方米降至 58 微克／立方米；全国 74 个重点城市优良天数比例为

北京市促进高排放老旧机动车淘汰　　（新华社记者　李文／摄）

72.7％，比2013年上升12.2个百分点，重污染天数减少65.6％。

二、能源结构不断优化

全国煤炭消费占一次能源消费的比重由67.4％下降至60％，消费总量下降3亿多吨；京津冀、长三角、珠三角等重点区域全部实现了煤炭消费总量负增长。"2+26"城市在京津保廊建成了上万平方公里的"散煤禁燃区"，削减散煤1000余万吨。全国燃煤机组累计完成超低排放改造7亿千瓦，建成全球最大的清洁煤电供应体系，每千瓦时平均能耗降到312克标准煤。

三、产业结构转型升级

钢铁、煤炭、水泥等重点行业分别淘汰落后产能和化解过剩产能 2 亿吨、5 亿吨、2.5 亿吨。火电、焦化、水泥等重点行业核发排污许可证，1 万多家国家重点监控企业全部安装在线监控，氮氧化物、二氧化硫、烟粉尘排放达标率大幅提升。"2+26"城市清理整顿"散乱污"企业 6.2 万家。

四、交通结构调整取得重大突破

淘汰黄标车和老旧车 2000 多万辆，推广应用新能源车 170 多万辆。实施国五机动车排放标准，基本实现与欧美发达国家接轨。车用汽柴油品质五年内连跳两级，全国全面实施国五标准，"2+26"城市从国四跃升到国六。环渤海港口协调推进港铁联运煤炭工作，不再接收公路运输煤炭。

第三节 打好碧水保卫战

水是生命之源、生产之要、生态之基。我国一些地区水环境质量差、水生态受损重、环境隐患多等问题突出，影响和损害群众健康，不利于经济社会持续发展。要以改善水环境质量为核心，按照"节水优先、空间均衡、系统治理、两手发力"原则，贯彻"安全、清洁、健康"方针，强化源头控制、水陆统筹、河海兼顾，对江河湖海实施分流域、分区域、分阶段科学治理，系统推进水污染防治、水生态保护和水资源管理。今后一段时间，要在全面实施《水污染防治行动计划》的基础上，以水源地保护、城市黑臭水体治理、长江保护修复、渤海综合治理等攻坚战为抓手，着力打好碧水保卫战，解决人民群众反映强烈的突出水环境问题。

[延伸阅读]

《水污染防治行动计划》

国务院发布的《水污染防治行动计划》（简称"水十条"）的目标为：到2020年，全国水环境质量得到阶段性改善，污染严重水体较大幅度减少，饮用水安全保障水平持续提升，地下水超采得到严格控制，地下水污染加剧趋势得到初步遏制，近岸海域环境质量稳中趋好，京津冀、长三角、珠三角等重点区域水生态环境状况有所好转。到2030年，力争全国水环境质量总体改善，水生态系统功能初步恢复。到本世纪中叶，生态环境质量全面改善，生态系统实现良性循环。

"水十条"从全面控制污染物排放、推动经济结构转型升级、着力节约保护水资源、加强水环境管理、保障水生态环境安全、明确和落实各方责任等十个方面，部署了狠抓工业污染防治、强化城镇生活污染治理、推进农业农村污染防治、调整产业结构、优化空间布局、控制用水总量、保障饮用水水源安全、深化重点流域污染防治、加强近岸海域环境保护、整治城市黑臭水体、保护水和湿地生态系统等35项重点工作。

一、消除饮用水水源地环境安全隐患

饮水安全关系民生，更牵动人心，保障饮用水安全是维护广大人民群众利益的基本要求。各地要切实履行好水源水、出厂水、管网水、末梢水的全过程管理职责，守护好百姓的"大水缸"。

按照党的十九大关于坚决打好污染防治攻坚战以及《全国集中式饮用水水源地环境保护专项行动方案》部署要求，2019年年底前，所有县级及以上城市完成水源地环境保护专项整治。一是落实饮用水水源地"划、立、治"三项重点任务，依法划定饮用水水源保护区，设立保护区边界标志，整治保护区内环境违法问题，特别是强化整治饮用水水源一、二级保护区内存在排污口、违法建设项目、违法网箱养殖等问题，努力实现"保"的目标。二是完善机制，统筹协调，加强水源水、出厂水、管网水、末梢水的全过程管理。三是深化地下水污染防治，全面排查和整治县级及以上城市水源保护区内的违法违规问题，开展地下水污染状况调查，有计划地开展地下水修复，建立健全地下水环境监管体系。四是定期开展监（检）测、评估集中式饮用水水源、供水单位供水和用户水龙头水质状况，县级及以上城市至少每季度向社会公开一次，强化舆论监督，落实地方政府水源保护责任。

[知识链接]

饮用水水源保护区整治对象和措施

《集中式饮用水水源地规范化建设环境保护技术要求》明确要求：

一级保护区整治的重点对象

保护区现状存在的建设项目、工业、生活排污口、畜禽养殖、网箱养殖、旅游、游泳、垂钓或者其他可能污染水源的活动，保护区划定后新增的农业种植和经济林，上述情况一律由县级以上人民政府责令拆除或关闭。对于保护区划定前已经存在的农业种植和经济林，则应该限制农药化肥使用，并逐步退出。

二级保护区整治的对象

点源整治：二级保护区内现存的排放污染物的建设项目，工业和生活排污口，城镇生活垃圾，易溶性、有毒有害废弃物暂存或转运站及化工原料、危险化学品、矿物油类及有毒有害矿产品的堆放场所，生活垃圾转运站，规模化畜禽养殖场（小区）等。

非点源控制：主要是农业种植、分散式畜禽养殖废物、网箱养殖、农村生活污水等。

流动源管理：主要是针对危险化学品或煤炭、矿砂、水泥等散货码头、水上加油站及穿越保护区的道路桥梁和运输危险化学品的运输车辆。

准保护区整治对象

12 类重污染行业，易溶性、有毒有害废弃物暂存和转运站，采矿采砂活动，工业园区的达标排放和总量控制及毁林开荒等行为。

二、打响城市黑臭水体治理保卫战

水体黑臭是老百姓的烦心事，城市水体黑臭的本质是排入水体的污染负荷过高，根源在于城市环境基础设施滞后。要以"水十条"规定的 2020 年年底前地级及以上城市建成区黑臭水体均控制在 10% 以内、2030 年城市建成区黑臭水体总体得到消除为目标要求，以加快推进城市黑臭水体综合整治为抓手，倒逼城市环境基础设施建设，加快补齐短板，改善城市环境质量。

[延伸阅读]

《城市黑臭水体治理攻坚战实施方案》

2018 年 9 月 30 日，住房和城乡建设部、生态环境部印发《城市黑臭水体治理攻坚战实施方案》，在坚持"系统治理，有序推进""多元共治，形成合力""标本兼治，重在治本""群众满意，成效可靠"的城市黑臭水体治理原则基础上，将总体任务和目标与已出台的相关文件做了充分衔接，即到 2018 年年底，直辖市、省会城市、计划单列市建成区黑臭水体消除比例高于 90%，基本实现长治久清；到 2019 年年底，其他地级城市建成区黑臭水体消除比例显著提高，到 2020 年年底达到 90% 以上。

《城市黑臭水体治理攻坚战实施方案》在责任落实上加以强化，明确了城市党委和政府对建成区内黑臭水体整治负总责，主要负责人是第一责任人。同时，延续了《水污染防治行动计划》的总体分工要求，又对具体的工作任务进一步细化，由原来的单个部门治水，转变为各部门协同治水。

除了明确"控源截污、内源治理、生态修复、活水保质"的技术路线和治理工程要求，《城市黑臭水体治理攻坚战实施方案》还重点强调了要以河长制、湖长制为抓手建立长效机制，加强统筹谋划，调动各方密切配合，协调联动，巩固好已取得的治理成果。

加快实施城市黑臭水体治理。一是加强控源截污。加快城市生活污水收集处理系统"提质增效"。深入开展入河湖排污口整治，对入河湖排污口进行统一编码和管理。削减合流制溢流污染，强化工业企业污染控制，工业园区建成污水集中处理设施稳定达标运行。二是强化内源治理。科学实施清淤疏浚，合理制定并实施清淤疏浚方案。加强水体及其岸线的垃圾治理。建立健全垃圾收集（打捞）转运体系。三是加强水体生态修复。落实海绵城市建设理念，营造岸绿景美的生态景观。四是活水保质。推进再生水、雨水用于生态补水。合理调配水资源，加强流域生态流量的统筹管理，逐步恢复水体生态基流。五是建立长效机制。扎实推进河长制、湖长制，统筹谋划，协调联动，实现黑臭水体全覆盖，确保治理到位。对固定污染源实施全过程管理和多污染物协同控制，全面落实企业治污责任。六是强化雨水径流控制。遵循城乡统筹、统一规划、源头控制、低影响开发的原则，参鉴海绵城市技术、初期雨水控制技术和生态护岸技术等，实现外源阻断；强化"滞""渗"措施，通过下凹绿地、雨水花园、透水铺装、生物滞蓄等系列海绵措施，实现控制径流总量、削减污染物的目标。

[案　例]

南宁那考河华丽变身

那考河是广西壮族自治区南宁市内河竹排江上游两大支流之一。以前，河道沿岸有 40 个污水直排口，水质多为劣 V 类，行洪不畅，经常造成上游内涝。

南宁市采取内河全流域治理理念，从河道治理、两岸截污、污水处理到水生态修复、景观建设（"旱溪""植草沟""潜流湿地""净水梯田"等一系列海绵化设施），在主河道上游设置一座再生水厂，通过建设截污管道，将河道两岸及周边片区的污水就近接纳进厂处理，再经生态净化后达到地表水 IV 类标准，排入河道作为补水

整治后的那考河湿地公园风光　　　　　（新华社记者　周华/摄）

水源；全流域同步启动、统筹推进，实现"一条龙"治水。

通过发挥绿地、道路、河道对雨水的吸纳、蓄渗和缓解、保护作用，改善河道生态环境；污水处理厂则采用深度处理，出水主要指标均达到地表水Ⅳ类标准，处理后的尾水经生态净化后，排入拟建河道，作为补水水源。一系列治污措施到位后，原本泛着黑水的小河沟实现华丽变身。

作为全国首个实行"按效付费"的内河流域治理PPP项目，政府与社会投资方签订10年协议，2年建设所需的资金全部由社会投资方承担，建成后初期8年的运营仍由社会投资方负责。政府聘请有资质的第三方机构，按照此前确定的水质、水量、防洪等考核指标体系对项目定期监测考核，并按效果按季度付费。

三、打好渤海治理攻坚战

渤海是我国唯一的半封闭型内海，水体交换与自净能力比较差。近年来渤海水质有所改善，但陆源污染物排放总量仍居高不下，重点海湾环境质量未见根本好转，环境风险压力有增无减，生态环境整体形势依然严峻。实施《渤海综合治理攻坚战行动计划》，要以环渤海三省一市的"1+12"城市（包括天津市，辽宁省的大连、营口、盘锦、锦州和葫芦岛，河北省的秦皇岛、唐山和沧州，山东省的滨州、东营、潍坊和烟台）为重点，以改善渤海生态环境治理为核心，以实现"清洁渤海、生态渤海、安全渤海"为战略目标，以四大专项行动为引领，开展渤海生态环境综合治理。

打好渤海治理攻坚战，重点是落实以下几个方面。一是减少陆源污染排放，国控入海河流和其他入海河流消除劣 V 类水质水体，减少总氮总磷等污染物入海量；开展直排海污染源整治，查清所有直排海污染源；落实"散乱污"企业清理整治，制定分类分期清理整治工作方案；实施水污染物排海总量控制，沿海城市逐步建立重点海域水污染物排海总量控制制度。二是推进海域污染源整治，以辽东湾、莱州湾和普兰店湾为重点，开展海水养殖污染治理；实施船舶污染治理，限期淘汰不能达到污染物排放标准的船舶；落实港口污染治理，推动港口、船舶修造厂加快船舶含油污水、化学品洗舱水、危险废物、生活污水和垃圾等污染物的接收、转运、处置设施建设；开展海洋垃圾污染防治。三是强化生态保护修复，实施海岸带生态保护；实施最严格的围填海管控；除国家重大战略项目需求之外，禁止新增占用自然岸线的开发建设活动；落实管理自然保护地责任，坚决制止和惩处破坏生态环境的违法违规行为。四是加强环境风险防范，实施陆源突发环境事件风险防范，沿海城市完善陆源突发环境事件应急预案，开展并完成沿海石化、化工、核电等重点企业突发环境事件风险评估和环境应急预案备案，建立应急响应机制。

[延伸阅读]

渤海综合治理攻坚战行动势在必行

渤海被辽宁、河北、天津和山东环绕，承接黄河、辽河、海河三大流域，拥有丰富的渔业、海洋油气、港口、旅游等资源。2017 年，环渤海地区海洋生产总值达 24638 亿元，占全国海洋生产总值的比重为 31.7%。但其仅通过渤海海峡与黄海相通，面临巨大的陆源排污压力，生态脆弱。

环渤海部分地区产业结构偏重，粗放型经济增长方式还没有完全转变过来，大规模填海造地损害海洋生态系统问题突出。据不完全统计，环渤海三省一市规模以上石油化工企业多达 7000 余家，运行、在建和规划的 30 万吨级原油码头十余个，百万吨级以上石化炼油项目二十余个。沿岸重化工企业林立，环境风险极高，稍有不慎就会造成严重安全生产事故和突发环境事件。此区域是我国近岸海域发生溢油和化学品泄漏的高风险区域，事故隐患堪忧。

四、打好长江保护修复攻坚战

长江经济带覆盖上海、江苏、浙江、安徽、江西、湖北、湖南、重庆、四川、贵州、云南等 11 省市，面积约 205 万平方公里，人口和生产总值均超过全国的 40%，是我国经济重心所在、活力所在，也是中华民族永续发展的重要支撑。2016 年 1 月 5 日，习近平总书记在重庆主持召开推动长江经济带发展座谈会时指出，推动长江经济带发展必须坚持生态优先、绿色发展，把修复长江生态环境摆在压倒性位置，共抓大保护，不搞大开发。2018 年 4 月 26 日，习近平总书记又在武汉主持召开了深入推动长江经济带发展座谈会，并强调指出，"治好'长江病'，要科学运用中医整体观，追根溯源、诊断病因、找准病根、分类施策、系统治疗"。

要把修复长江生态环境摆在压倒性位置，开展工业、农业、生活、航运污染"四源同治"，最终实现和谐、健康、清洁、优美、安全长江的建设目标。一是强化生态环境空间管控，严守生态保护红线；强化"三线一单"硬约束，实施流域控制单元精细化管理。二是综合整治排污口，推进水陆统一监管；深入排查各类排污口，开展排污口清理整治，规范排污口管理。三是加强企业污染治理，规范工业园区环境管理；强化落后产能退出机制，规范工业园区环境管理，加强工业企业达标排放。四是加强航运污染防治，防范船舶港口环境风险；取缔非法码头，完善港口码头基础设施，加强船舶污染防治及风险管控。五是优化水资源配置，有效保障生态用水需求；严格控制小水电开发，切实保障生态流量。六是加强生态系统保护修复，提升生态环境承载能力；严禁非法采砂，实行长江重点水域全面禁捕，建立健全水生态监测体系。七是实施重大专项行动，着力解决突出环境问题；深入开展饮用水水源环境保护专项行动；推进以长江经济带为重点的城市黑臭水体治理、农业农村污染治理和"清废"专项行动。

[延伸阅读]

《长江经济带生态环境保护规划》

《长江经济带生态环境保护规划》可概括为"三水并重，四抓同步，五江共建"。"三水并重"，就是水资

湖北宜昌搬迁长江岸线一公里内的全部化工企业 　　　（步雪琳／摄）

源、水生态、水环境一起抓。水环境的问题跟水资源、水生态密切相关。水资源得不到合理利用，水生态得不到有力的修复保护，水环境就难以改善。

"四抓同步"是指，狠抓上下游的统筹协调，狠抓一些重点区域，尤其是两湖一口（鄱阳湖、洞庭湖、长江口），狠抓一批生态保护和环境治理的重大工程，狠抓有关体制机制的改革创新。

"五江共建"，第一是通过水资源的科学开发利用，建设一条和谐长江；第二是通过加强水生态环境的治理改善，建设一条清洁长江；第三是通过水生态系统的修复与保护，建设一条健康长江；第四是通过沿江两岸的其他环境问题的整治解决，建设一条优美长江；第五是通过有关生态环境风险的有效管控，建设一条安全长江。

第四节　扎实推进净土行动

土壤是人类生存、兴国安邦的战略资源。万物土中生，土壤关系着家家户户的"米袋子""菜篮子""水缸子"。土壤污染是在经济社会发展过程中长期累积形成的，当前我国土壤环境总体状况堪忧，部分地区污染较为严重。要全面落实《土壤污染防治行动计划》，强化土壤污染风险管控和修复，有效防范风险，让老百姓吃得放心、住得安心。

一、夯实土壤污染防治工作基础

当前土壤污染防治存在污染底数不清、标准体系不健全、监管能力薄弱、科技支撑不足等问题。而这些恰恰是土壤污染防治的基础和根本。现阶段需夯实土壤污染防治工作基础，推动形成依法治土、科学治土格局。

夯实土壤污染防治工作基础，需要做到以下几点。一是摸清土壤"家底"。以农用地和重点行业企业用地为重点，查明农用地土壤污染的面积、分布及其对农产品质量的影响，掌握重点行业企业用地中的污染地块分布及其环境风险情况；大力推进土壤环境监测能力和土壤环境监测人才队伍建设，建立覆盖广、点位设置科学、数据准确的土壤环境质量监测网络，建立跨部门的土壤环境基础数据库，构建全国土壤环境信息平台。二是健全法规标准体系。《土壤污染防治法》2019年1月1日开始实施，成为我国土壤污染防治体系的一大基石；各地要以此为契机，抓紧完善法规标准体系，制定服务于土壤环境保护、污染土壤安全利用和污染土壤治理与修复的土壤污染防治标准体系。

二、强化土壤污染风险管控

土壤污染不同于水和大气污染，具有累积性、不均匀性和长期存在性等特点，实施基于风险的土壤环境管理策略符合现阶段我国基本国情。这要求以风险管控为导向，对污染土壤实行分类别、分用途管理，确保受污染土壤的安全利用。

实施农用地分类管理。对于优先保护类耕地，划为永久基本农田，实行严格保护，确保其面积不减少、土壤环境质量不下降，除法律规定的重点建设项目选址确实无法避让外，其他任何建设不得占用。严格控制在优先保护类耕地集中区域新建有色金属冶炼、石油加工、化工、焦化、电镀、制革等行业企业。对于安全利用类耕地，根据土壤污染状况和农产品超标情况，结合当地主要作物品种和种植习惯，制定实施受污染耕地安全利用方案，采取农艺调控、替代种植等措施，降低农产品超标风险。对于严格管控类耕地，需严格管理其用途，依法划定特定农产品禁止生产区域，严禁种植食用农产品；制定实施重度污染耕地种植结构调整或退耕还林还草计划；对威胁地下水、饮用水水源安全的，有关县（市、区）要制定环境风险管控方案，并落实有关措施。

[知识链接]

农艺调控

在土壤污染防治中，农艺调控是指利用农艺措施对耕地土壤中污染物的生物有效性进行调控，减少污染物从土壤向作物特别是可食用部分的转移，从而保障农产品安全生产，实现受污染耕地安全利用。农艺调控措施主要包括种植污染物低积累作物、调节土壤理化性状、科学管理水分、施用功能性肥料等。

实施建设用地准入管理。建立污染地块联动监管机制，将建设用地土壤环境管理要求纳入用地规划和供地管理，严格控制用地准入，强化暂不开发污染地块的风险管控。土地开发利用必须符合土壤环境质量要求，地方各级自然资源部门在编制相关规划时，应充分考虑污染地块的环境风险，合理确定土地用途，落实监管责任，建立自然资源、生态环境等部门间的信息沟通机制，实行联动监管。

[知识链接]

风险管控措施

风险管控措施主要包括工程控制和制度控制。工程控制是指通过采取隔离、阻断等不以降低土壤中污染物数量、毒性和改变污染物物理化学性质为目的，而以防止污染物进一步扩散为目的的工程措施。制度控制是指采用非工程的措施，如划定管控区域、设置风险标识牌、发布媒体公告等手段，限制人员进入污染地块区域，防止土壤扰动，以及采用区域土壤和地下水用途管制，从而规避随意进入或开发带来的风险。

三、加强土壤污染源监管

土壤作为大部分污染物的最终受纳体，其污染来源复杂，与生产生活密切相关。为根治我国土壤污染问题，必须切断污染来源，推进工业、农业、生活源全防全控。

严控工矿污染。对工矿企业加强日常环境监管，确定土壤环境重点监管企业名单；对有重点监管尾矿库的企业开展环境风险评估，完善污染治理设施，储备应急物资。对涉重金属行业严格执行重金属污染物排放标准并落实相关总量控制指标，制定涉重金属重点工业行业清洁生产技术推行方案，鼓励企业采用先进适用生产工艺和技术。

控制农业污染。合理使用化肥农药，鼓励农民增施有机肥，减少化肥使用量；科学施用农药，推行农作物病虫害专业化统防统治和绿色防控，推广高效低毒低残留农药和现代植保机械。加强废弃农膜回收利用，严厉打击违法生产和销售不合格农膜的行为，建立健全废弃农膜回收贮运和综合利用网络。强化畜禽养殖污染防治，严格规范兽药、饲料添加剂的生产和使用，防止过量使用，促进源头减量，加强畜禽粪便综合利用，推广种养业有机结合、循环发展。加强灌溉水水质管理，开展灌溉水水质监测，灌溉用水应符合农田灌溉水水质标准。

加强固体废物污染防治。全面禁止洋垃圾入境，严厉打击走私，大幅减少固体废物进口种类和数量，力争 2020 年年底前基本实现固体废物零进口。继续完善堵住洋垃圾进口的监管制度，强化洋垃圾非法入境管控，建立堵住洋垃圾入境长效机制，提升国内固体废物回收利用水平。开展"无废城市"试点，推动固体废物资源化利用。调查、评估重点工业行业危险废物产生、贮存、利用、处置情况。完善危险废物经营许可、转移等管理制度，建立信息化监管体系，提升危险废物处理处置能力，实施全过程监管。严厉打击危险废物非法跨界转移、倾倒等违法犯罪活动。

减少生活污染。做好城乡生活垃圾分类和减量，整治非正规垃圾填埋场，做好重金属等废物的安全处置。加快建立分类投放、分类收集、分类运输、分类处理的垃圾处理系统，形成以法治为基础，政府推动、全民参与、城乡统筹、因地制宜的垃圾分类制度，努力提高垃圾分类制度覆盖范围。通过分类投放收集、综合循环利用，促进垃圾减量化、资源化、无害化。同时，开展利用建筑垃圾生产建材产品等资源化利用示范，强化废氧化汞电池、镍镉电池、铅酸蓄电池和含汞荧光灯管、温度计等含重金属废物的安全处置。

[知识链接]

《土壤污染防治法》

《土壤污染防治法》自 2019 年 1 月 1 日起施行。《土壤污染防治法》的实施为扎实推进"净土保卫战"，让老百姓吃得放心、住得安心提供了法治保障。标志着土壤污染防治制度体系基本建立。土壤法的亮点在于：

一是明确责任。落实企业主体责任，要求生产、使用、贮存、运输、回收、处置、排放有毒有害物质的单位和个人，应当采取有效措施，防止有毒有害物质渗漏、流失、扬散，避免土壤受到污染。强化污染者责任，明确土壤污染责任人负有实施土壤污染风险管控和修复的义务；土壤污染责任人无法认定的，土地使用权人应当实施土壤污染风险管控和修复。明确政府和相关部门的监管责任，地方各级人民政府应当对本行政区域土壤污染防治和安全利用负责。生态环境主管部门对土壤污染防治工作实施统一监督管理；农业农村、自然资源、住房城乡建设、林业草原等主管部门在各自职责范围内对土壤污染防治工作实施监督管理。

二是建立农用地分类管理制度，保障农业生产环境安全。将农用地划分为优先保护类、安全利用类和严格管控类，并规定了不同的管理措施。

三是建立建设用地准入管理制度，防范人居环境风险。明确要求列入建设用地土壤污染风险管控和修复名录的地块，不得作为住宅、公共管理与公共服务用地；未达到土壤污染风险评估报告确定的风险管控、修复目标的建设用地地块，禁止开工建设任何与风险管控、修复无关的项目。

四是严惩重罚。如规定对专门从事土壤污染状况调查、风险评估、效果评估活动的单位出具虚假报告的违法行为，情节严重的，永久性禁止从事相关业务；对直接负责的主管人员和其他直接责任人员处以罚款，情节严重的十年内禁止从事相关业务，构成犯罪的终身禁止从事相关业务；单位与委托人恶意串通，出具虚假报告，造成他人人身或者财产损害的，还应当与委托人承担连带责任。

四、开展土壤污染治理修复

土壤污染治理修复，要以影响农产品质量和人居环境安全的突出土壤污染问题为重点，加大适用技术推广力度，建立健全技术体系，因地制宜地搞好试点。要优先建立土壤污染治理与修复终身责任追究机制，即按照"谁污染，谁治理"原则，明确治理与修复主体：如果责任主体发生变更的，由变更后继承其债权、债务的单位或个人承担相关责任；土地使用权依法转让的，由土地使用权受让人或双方约定的责任人承担相关责任；责任主体灭失或责任主体不明确的，由所在地县级人民政府依法承担相关责任。

[知识链接]

土壤修复技术

土壤修复技术一般可以分为物理/化学修复技术和生物修复技术。

物理/化学修复技术是利用污染物或污染介质的物理/化学特性，以达到破坏、分离污染物的目的，具有实施周期短、同时处理多种污染物等优点。物理/化学修复技术主要包括热脱附处理、蒸汽抽提、化学氧化还原、化学淋洗、电动力学等。

生物修复技术是指一切以利用生物为主体的土壤污染治理技术，包括利用植物、动物和微生物吸收、降解、转化土壤中的污染物，使污染物的浓度降低到可接受的水平，或将有毒有害的污染物转化为无毒无害的物质。生物修复包括植物修复、微生物修复、生物联合修复等技术。虽然生物修复技术修复周期通常较长，但具有二次污染小、费用低、可原位降解污染物等优点。

第五节　打好农业农村污染治理攻坚战

我国是一个农业大国，截至 2015 年年底，农业用地占据着 67.2% 的国土面积，居住着近 6 亿人口。但长期经济社会发展的不平衡，致使我国农村基础设施欠账较多，农村环境和生态问题比较突出，乡村发展整体水平亟待提升。习近平总书记强调："中国要强，农业必须强；中国要美，农村必须美；中国要富，农民必须富。"未来要以建设美丽宜居村庄为导向，持续开展农村人居环境整治行动，实现全国行政村环境整治全覆盖。

一、推进农村人居环境整治

改善农村人居环境，建设美丽宜居乡村，是实施乡村振兴战略的一项重要任务，事关全面建成小康社会的成败，事关广大农民的获得感和幸福感，事关农村社会文明和谐。截至 2017 年年底，我国已完成 13.8 万个村庄农村环境综合整治，约 2 亿农村人口直接受益，农村人居环境建设取得明显成效。未来要持续开展农村人居环境整治行动，抓好农村生活垃圾、污水治理和厕所革命，打造美丽乡村，为老百姓留住鸟语花香的田园风光。

推进农村生活垃圾治理。首先，要统筹考虑生活垃圾和农业生产废弃物利用、处理的问题，建立健全符合农村实际、方式多样的生活垃圾收运处置体系，建立村庄保洁制度，推行垃圾源头减量。其次，推行适合农村特点的垃圾就地分类和资源化利用方式，逐步提高转运设施及环卫机具的卫生水平，建立与垃圾清运体系相配套、可共享的再生资源回收体系，推行卫生化的填埋、焚烧、堆肥或沼气处理等方式。最后，要开展非正规垃圾堆放点排查整治，重点整治垃圾山、垃圾围村、垃圾围坝、工业污染"上山下乡"。

推进农村生活污水治理。因地制宜采用污染治理与资源利用相结合、工程措施与生态措施相结合、集中与分散相结合的建设模式和处理工艺；推动城镇污水管网向周边村庄延伸覆盖；积极推广低成本、低能耗、易维护、高效率的污水处理技术，鼓励采用生态处理工艺；加强生活污水源头减量和尾水回收利用；以房前屋后河塘沟渠为重点实施清淤疏浚，采取综合措施恢复水生态，逐步消除农村黑臭水体；将农村水环境治理纳入河长制、湖长制管理。

[延伸阅读]

《农业农村污染治理攻坚战行动计划》

2018 年 11 月 6 日，生态环境部、农业农村部联合印发了《农业农村污染治理攻坚战行动计划》，提出，通过三年攻坚，乡村绿色发展加快推进，农村生态环境明显好转，农业农村污染治理工作体制机制基本形成，农业农村环境监管明显加强，农村居民参与农业农村环境保护的积极性和主动性显著增强。到 2020 年，实现"一保两治三减四提升"："一保"，即保护农村饮用水水源，农村饮水安全更有保障；"两治"，即治理农村生活垃圾和污水，实现村庄环境干净整洁有序；"三减"，即减少化肥、农药使用量和农业用水总量；"四提升"，即提升主要由农业面源污染造成的超标水体水质、农业废弃物综合利用率、环境监管能力和农村居民参与度。

《农业农村污染治理攻坚战行动计划》提出了五方面主要任务。一是加强农村饮用水水源保护；二是加快推进农村生活垃圾污水治理；三是着力解决养殖业污染；四是有效防控种植业污染；五是提升农业农村环境监管能力。

《农业农村污染治理攻坚战行动计划》要求，省级人民政府对本地区农村生态环境质量负责。各省（区、市）要以本地区实施方案为依据，制定验收标准和办法，以县为单位进行验收。将农业农村污染治理工作纳入本省（区、市）污染防治攻坚战的考核范围，作为本省（区、市）党委和政府目标责任考核、市县干部政绩考核的重要内容。

推进农村厕所革命。习近平总书记指出，厕所问题不是小事情，是城乡文明建设的重要方面，不但景区、城市要抓，农村也要抓，要把这项工作作为乡村振兴战略的一项具体工作来推进，努力补齐这块影响群众生活品质的短板。首先，要合理选择改厕模式，推进厕所革命。其次，要引导农村新建住房配套建设无害化卫生厕所，人口规模较大村庄配套建设公共厕所。最后，要鼓励各地结合实际，将厕所粪污、畜禽养殖废弃物一并处理并资源化利用。

[案　例]

浙江省"千村示范、万村整治"行动

2003 年，浙江启动"千村示范、万村整治"行动，拉开了农村人居环境建设的序幕。截至 2017 年年底，

浙江安吉县余村的垃圾定时投放点　　　　　　　　（步雪琳／摄）

浙江省累计约 2.7 万个建制村完成村庄整治建设，占浙江省建制村总数的 97%；生活垃圾集中收集有效处理建制村全覆盖，11475 个村实施生活垃圾分类处理，占比 41%；90% 的村实现生活污水有效治理，74% 农户的厕所污水、厨房污水和洗涤污水得到治理。

二、保护乡村山水田园景观

习近平总书记强调，农村是我国传统文明的发源地，乡土文化的根不能断，农村不能成为荒芜的农村、留守的农村、记忆中的故园。建设美丽乡村，是要给乡亲们造福，不能大拆大建，特别是要保护好古村落，要注意生态环境保护，注意乡土味道，体现农村特点，保留乡村风貌，坚持传承文化，发展有历史记忆、地域特色、民族特点的美丽城镇。

首先要优化乡村景观格局、推进农村基础设施建设。加快推进通村组道路、入户道路建设，基本解决村内道路泥泞、村民出行不便等问题；完善村庄公共照明设施，整治公共空间和庭院环境，消除私搭乱建、乱堆乱放。其次要推进村庄绿化工程。充分利用闲置土地组织开展植树造林、湿地恢复等活动，建设绿色生态村庄。再次要大力提升农村建筑风貌，推进乡土文化遗产保护。突出乡土特色和地域民族特点，优化改造农村建筑风貌；加大传统村落民居和历史文化名村名镇保护力度，弘扬传统农耕文化，提升田园风光品质。此外还要深入开展城乡环境卫生整洁行动，推进卫生县城、卫生乡镇等卫生创建工作。

[案 例]

美丽乡村建设十大模式和案例

1. 产业发展型模式：主要是在东部沿海等经济相对发达地区，其特点是产业优势和特色明显，农民专业合作社、龙头企业发展基础好，产业化水平高，初步形成"一村一品""一乡一业"。

典型案例：江苏省张家港市南丰镇永联村。

2. 生态保护型模式：主要是在生态优美、环境污染少的地区，其特点是生态环境优势明显，把生态环境优势变为经济优势的潜力大，适宜发展生态旅游。

典型案例：浙江省安吉县山川乡高家堂村。

3. 城郊集约型模式：主要是在大中城市郊区，其特点是经济条件较好，基础设施完善，交通便捷，农业集约化水平高，是大中城市重要的"菜篮子"基地。

典型案例：上海市松江区泖港镇。

4. 社会综治型模式：主要是在人数较多，规模较大，居住较集中的村镇，其特点是区位条件好，经济基础强，带动作用大，基础设施相对完善。

典型案例：天津市大寺镇王村。

5. 文化传承型模式：主要是在具有特殊人文景观的地区，其特点是乡村文化资源丰富，具有优秀民俗文化以及非物质文化，文化展示和传承的潜力大。

典型案例：河南省洛阳市孟津县平乐镇平乐村。

6.渔业开发型模式：主要是在沿海和水网地区的传统渔区，其特点是产业以渔业为主，通过发展渔业促进就业，增加渔民收入，繁荣农村经济。

典型案例：甘肃省天水市武山县。

7.草原牧场型模式：主要是在我国牧区半牧区，其特点是草原畜牧业是牧区经济发展的基础产业，是牧民收入的主要来源。

典型案例：内蒙古自治区太仆寺旗贡宝拉格苏木道海嘎查。

8.环境整治型模式：主要是在农村脏乱差问题突出的地区，其特点是农村环境基础设施建设滞后，当地农民群众对环境整治的呼声高、反应强烈。

典型案例：广西壮族自治区恭城瑶族自治县莲花镇红岩村。

9.休闲旅游型模式：主要是在适宜发展乡村旅游的地区，其特点是旅游资源丰富，住宿、餐饮、休闲娱乐设施完善齐备，交通便捷，距离城市较近。

典型案例：江西省婺源县江湾镇。

10.高效农业型模式：主要是在我国的农业主产区，其特点是以发展农业作物生产为主，农业基础设施相对完善，农产品商品化率和农业机械化水平高，人均耕地资源丰富，农作物秸秆产量大。

典型案例：福建省漳州市平和县三坪村。

三、加强农业生产面源污染防治

化肥、农药、农膜等农业投入品长期不合理过量使用，农作物秸秆不合理处置，造成我国种植业面源污染问题日益严重，加剧了土壤和水体污染以及农产品质量安全风险。

实施化肥农药零增长行动，有效降低化肥农药污染。减少化肥使用，扩大测土配方施肥在设施农业及蔬菜、果树、茶叶等园艺作物上的应用，基本实现主要农作物测土配方施肥全覆盖。创新服务方式，推进农企对接，积极探索公益性服务与经营性服务结合、政府购买服务的有效模式。推进新型肥料产品研发与推广，集成推广种肥同播、化肥深施等高效施肥技术，不断提高肥料利用率。积极探索有机养分资源利用有效模式，鼓励开展秸秆还田、种植绿肥、增施有机肥等活动，合理调整施肥结构。结合高标准农田建设，大力开展耕地质量保护与提升行动，着力提升耕地内在质量。减少农药使用，首先要建设自动化、智能化田间监测网点，构建病虫监测预警体系。其次要加快绿色防控技术推广，因地制宜集成推广适合不同作物的技术模式；选择"三品一标"农产品生产基地，建设一批示范区，带动大面积推广应用绿色防控措施。再次要提升植保装备水平，发展一批反应快速、服务高效的病虫害专业化防治服务组织；大力推进专业化统防统治与绿色防控融合，有效提升病虫害防治组织化程度和科学化水平。最后要扩大低毒生物农药补贴项目实施范围，加速生物农药、高效低毒低残留农药推广应用，逐步淘汰高毒农药。

着力解决农田残膜污染，遏制农田白色污染发生。加快地膜标准修订，严格规定地膜厚度和拉伸强度，严禁生产和使用厚度0.01

毫米以下地膜，从源头保证农田残膜可回收。加大旱作农业技术补助资金支持，对加厚地膜使用、回收加工利用给予补贴。开展农田残膜回收区域性示范，扶持地膜回收网点和废旧地膜加工能力建设，逐步健全回收加工网络，创新地膜回收与再利用机制。加快生态友好型可降解地膜及地膜残留捡拾与加工机械的研发，建立健全可降解地膜评估评价体系。在重点地区实施全区域地膜回收加工行动，率先实现东北黑土地大田生产地膜零增长。

深入开展秸秆资源化利用，解决秸秆露天焚烧问题。要进一步加大示范和政策引导力度，大力开展秸秆还田和秸秆肥料化、饲料化、基料化、原料化和能源化利用。建立健全政府推动、秸秆利用企业和收储组织为轴心、经纪人参与、市场化运作的秸秆收储运体系，降低收储运输成本，加快推进秸秆综合利用的规模化、产业化发展。要完善激励政策，研究出台秸秆初加工用电享受农用电价格、收储用地纳入农用地管理、扩大税收优惠范围、信贷扶持等政策措施。选择京津冀等大气污染重点区域，启动秸秆综合利用示范县建设，率先实现秸秆全量化利用，从根本上解决秸秆露天焚烧问题。

推进养殖业污染防治，实现养殖业绿色发展。要科学规划布局畜禽养殖。统筹考虑环境承载能力及畜禽养殖污染防治要求，按照农牧结合、种养平衡的原则，科学规划布局畜禽养殖。推行标准化规模养殖，配套建设粪便污水贮存、处理、利用设施，改进设施养殖工艺，完善技术装备条件，鼓励和支持散养密集区实行畜禽粪污分户收集、集中处理；在种养密度较高的地区和新农村集中区因地制宜建设规模化沼气工程，同时支持多种模式发展规模化生物天然气工程。因地制宜推广畜禽粪污综合利用技术模式，规范和引导畜禽养殖场，做好养殖废弃物资源化利用。加强水产健康养殖示范场建设，推广工厂化循环水养殖、池塘生态循环水养殖及大水面网箱养殖底排污等水产养殖技术。

四、健全农村环境监管长效机制

健全农村环境监管长效机制，重点在乡镇和村两级，关键是要引导农民积极参与农村生态环境保护管理。一是要健全农村环境监管长效机制。明确地方党委和政府以及有关部门、运行管理单位责任，基本建立有制度、有标准、有队伍、有经费、有督察的村庄环境管护长效机制；鼓励专业化、市场化建设和运行管护，有条件的地区推行城乡垃圾污水处理统一规划、统一建设、统一运行、统一管理；推行环境治理依效付费制度，健全服务绩效评价考核机制，鼓励有条件的地区探索建立垃圾污水处理农户付费制度，完善财政补贴和农户付费合理分担机制；支持村级组织和农村"工匠"带头人等承接村内环境整治、村内道路、植树造林等小型涉农工程项目。组织开展专业化培训，把当地村民培养成为村内公益性基础设施运行维护的重要力量；简化农村环境整治建设项目审批和招投标程序，降低建设成本，确保工程质量。二是要积极引导农民参与农村生态环境保护和管理。通过创新运营机制、扩大宣传力量、增加资金支持，加大农村生态环保法制教育力度；完善环境信息公开制度，保障农民的环境信息知情权；通过完善农民环保参与的行政救济制度和农村环境纠纷的法律援助制度，畅通农民环保参与的救济渠道；通过扩展村委会职能、培育农村环保组织，壮大农民环保参与的组织力量；通过完善经济补偿、农民干部考核等制度，强化农民环保参与的利益驱动。

❧ 本章小结 ❧

党的十九大报告要求坚决打好污染防治攻坚战，着力解决突出环境问题。当前，我国大气、水、土壤、农村环境污染等问题已经成为全面建成小康社会的突出短板。要始终坚持保护优先、强化问题导向、突出改革创新、注重依法监管、推进全民共治的基本原则，围绕主要污染物总量减排、生态环境质量提高、生态环境风险管控三类目标，打好三大保卫战、七大标志性战役，开展四大专项行动，坚决打好污染防治攻坚战，让人民群众安全感、获得感、幸福感更强，确保全面建成小康社会任务按期完成。

【思考题】

1. 如何解决污染防治中的"一刀切"和"切一刀"的问题？

2. 企业排放污染物往往涉及污水、废气、固体废物多个方面，怎样才能实现综合治理，而不是"顾此失彼"？

3. 如何推动我国垃圾科学分类？

4. 请阐述如何有效提升农民参与农村环保积极性？

第四章
加大生态保护与修复力度

健康稳定的自然生态系统能够为人类持续提供生命支持、生态调节、产品供给和文化娱乐等服务，对于维护生态安全和经济社会可持续发展具有重要意义。习近平总书记强调，"给自然生态留下休养生息的时间和空间"，"让自然生态美景永驻人间，还自然以宁静、和谐、美丽"。加大生态保护与修复力度，是建设美丽中国、构建生态安全体系的必然要求，要以山水林田湖草生命共同体理念为统领，科学构建国土空间生态安全格局，强化用途管制，划定生态保护红线，建立完善自然保护地体系，加强生物多样性保护，系统开展生态修复治理，全面提升生态系统质量和稳定性。

第一节　统筹山水林田湖草系统治理

习近平总书记指出，山水林田湖草是一个生命共同体，人的命脉在田，田的命脉在水，水的命脉在山，山的命脉在土，土的命脉在林和草，要统筹兼顾、整体施策、多措并举，全方位、全地域、全过程开展生态环境保护建设。

一、深刻认识山水林田湖草系统治理的重大意义

近年来，随着城镇化、工业化快速发展，我国生态问题突出，生态安全形势日趋严峻，具体表现在：一是生态空间遭受持续威胁。城镇化、工业化、基础设施建设、农业开垦等开发建设活动占用生态空间；生态空间破碎化加剧，交通基础设施建设、河流水电水资源开发和工矿开发建设，直接割裂生物生境的整体性和连通性；生态破坏事件时有发生。二是生态系统质量和服务功能低。低质量生态系统分布广，森林、灌丛、草地生态系统质量为低差等级的面积比例分别高达 43.7%、60.3%、68.2%。全国土壤侵蚀、土地沙化等问题突出，城镇地区生态产品供给不足，绿地面积小而散，水系人工化严重，生态系统缓解城市热岛效应、净化空气的作用十分有限。三是生物多样性加速下降的总体趋势尚未得到有效遏制。资源过度利用、工程建设以及气候变化影响物种生存和生物资源可持续利用。我国高等植物的受威胁比例达 11%，特有高等植物受威胁比例高达 65.4%，脊椎动物受威胁比例达 21.4%；遗传资源丧失和流失严重，60%—70% 的野生稻分布点已经消失；外来入侵物种危害严重，常年大面积发生危害的超过 100 种。在此形势下，必须强化生态保护与修复，遏制生态系统退化，维护和提升生态系统功能，从根本上扭转生态恶化的趋势。

生态是统一的自然系统，是各种自然要素相互依存而实现循环的自然链条，某一要素遭受不良影响往往带来其他要素的连锁式不良反应。如果破坏了山、砍光了林、除光了草，也就破坏了水，山就变成了秃山，水土流失、沟壑纵横，地就变成了没有养分的不毛之地，河道淤积、水库淤塞，水就变成了洪水，不仅影响了农渔业生产，对人们的生命安全也产生严重的威胁。

以往生态保护修复多是单一部门围绕单一要素开展，生态保护和修复碎片化，种树的只管种树、治水的只管治水、护田的单纯护田，常常顾此失彼，生态保护和修复的效能大打折扣。因此，由一个部门负责领土范围内所有国土空间用途管制职责，统筹山水林田湖草系统治理，对山水林田湖草进行统一保护、统一修复是十分必要的。

统筹山水林田湖草系统治理，具有重要的现实意义。一是可以破解目前存在的生态治理难题，解决长期的部门单独管理和各要素分割状况，提高生态保护与修复成效。二是可以增强生态产品的供给能力，提升区域生态系统健康和永续发展水平，不断满足人民日益增长的优美生态环境需要。三是可以更好地践行尊重自然、和谐共生的生态文明理念，加快推进生态文明建设。

[案　例]

桑基鱼塘：人与自然和谐共生的样板

我国很早就有了"顺天时，量地利，则用力少而成功多"的"天、地、人、稼"和谐统一的思想观念，并由此创造了桑基鱼塘生态农业模式，不仅可以缓和人、地、水等的紧张关系，还可以较好地保护生态环境。桑基鱼塘蕴含着古代先人的智慧，将中国传统哲学中"天人合一"的最高理想融入了一点一滴的寻常劳作中。

早在春秋战国时期，太湖岸边有一些地势低下、常年积水的洼地，当地人便将其挖深变成鱼塘，挖出的塘泥则堆放在四周垫高作为塘基。久而久之，"塘基上种桑、桑叶喂蚕、蚕沙养鱼、鱼粪肥塘、塘泥壅桑"的桑基鱼塘生态模式延续了下来。

桑基鱼塘系统是一种具有独特创造性、集多种生产类型为一体的生态循环经济模式，利用生物互生互养的原理，低耗、高效地精耕细作，同时对生态环境

浙江湖州的桑基鱼塘系统 　　　　　　　　（新华社记者　王定昶／摄）

"零"污染。整个系统中，鱼塘肥厚的淤泥挖运到四周塘基上作为桑树肥料，由于塘基有一定的坡度，桑地土壤中多余的营养元素随着雨水冲刷又源源流入鱼塘。养蚕过程中的蚕蛹和蚕沙作为鱼饲料和肥料。系统中的多余营养物质和废弃物周而复始地在系统内进行循环利用，没有给系统外的生态环境造成污染，对保护周边的生态环境、促进经济的可持续发展，发挥了重要的作用。

根据时节变化统筹安排农事活动，也是桑基鱼塘系统的一大特点。当地村民于正月、二月管理桑树，放养鱼苗；三月、四月为桑树施肥；五月养蚕，六月卖，蚕蛹用来喂鱼；七月、八月鱼塘清淤，用塘泥培固塘基；年底几个月除草喂鱼。

正如明代《沈氏农书》中记载，"池蓄鱼，其肥土可上竹地，余可壅桑、鱼，岁终可以易米，蓄羊五六头，以为树桑之本"，可取得"两利俱全，十倍禾稼"的经济效益。

桑基鱼塘的发展，既促进了种桑、养蚕及养鱼事业的发展，形成了桑地和池塘相连相倚的水乡生态农业景观，又带动了缫丝等加工工业的前进，还孕育出了特有的如祀蚕花、点蚕花火、蚕花节等丰富多彩的蚕桑文化。

"处处倚蚕箔，家家下鱼筌"，人与自然和谐共处，共同描绘了一幅桑茂、蚕盛、鱼旺的水乡美景。

二、以生命共同体理念引领生态保护与修复

山水林田湖草生命共同体强调从生态系统健康和可持续发展出发，从过去的单一要素保护修复转变为以多要素构成的生态服务功能提升为导向的保护修复。山水林田湖草系统各元素彼此相互依存、相互促进、相互制约，通过能量流动、物质循环和信息传递，共同组成了一个有机、有序的生命共同体。其中，农田为人类提供食物，健康的农田生态系统的维持离不开森林、草原和湖泊所提供的优质环境及对气候变化的缓解作用，而山水的保护是所有生态系统维持的根本。例如，云南省亚热带哀牢山区的哈尼梯田，位于地势起伏较大的南方山区，梯田周围森林密布，具有涵养水源、保持水土的关键作用，依托山上的水源，当地人民合理开挖和疏导河流，将森林、山体、梯田、河流等整合在一起，构成了一个有机、有序的生命共同体，成为人与自然和谐相处欣欣向荣的典范。

山水林田湖草系统治理具有系统性、整体性、综合性的特征，强调从系统观角度来分析生态问题的产生机制，整合各因素、各部门开展综合性保护与治理。在此过程中，要坚持整体保护、系统修复、问题导向、因地制宜的原则，统筹管理自然资源、污染治理与生态保护及水、土、气、生物等要素，通过保护生态系统原真性、完整性，维护和提高生态功能，改善受损生态状况，平衡生态保护与经济发展、社会和谐的关系，实现经济社会发展和生态保护的统一。

[案　例]

"小老头树"的教训

从 20 世纪 80 年代开始，为改善黄土高原地区水土流失的状况，林业部门开展了退耕还林等一系列造林工程。经过多年努力，许多地方已蔚然成林，在保持水土和改变当地农业生产条件方面起了显著的作用。但也有不少地方，造林后林木生长衰弱，表现出主干矮小、分枝多、萌条丛生、树冠平顶、根系发育不良、枯梢、病虫害严重等缺点，虽经多年生长，也难以成林成材，被称为"小老头树"。

"小老头树"的产生就是生态治理过程中缺少系统性、整体性规划，忽略了各生态要素的有机联系，"种树的只管种树"，没有针对当地自然灾害频发、水资源不足等主要生态问题开展"梁、塬、坡、沟、川"共治、"水、土、林、田、人"共利综合治理的直接后果。

黄土高原很多地区属于严重干旱缺水地区，对植被的选择有较高要求，而很多地区却栽种了刺槐、杨树等耗水量大的树种，不仅未对当地的生态状况起到改善作用，而且耗费了大量的人力、物力和财力，甚至由于水分的过度消耗导致原生的草灌植被退化，土地沙化加重。

三、统筹推进生态保护与修复重点任务

与以往生态治理相比，山水林田湖草系统治理强调从系统性、整体性来分析生态问题，治标的同时更要治本，治本的基础上更加提升，除了将以往单一要素、单一部门的生态治理调整为多要素、多部门的综合整治外，还要将社会经济等相关因素考虑其中，实现生命共同体的健康可持续发展。特别强调要将各要素作为一个整体开展系统治理，破除行政边界、部门职能等体制机制影响，各部门间要资源共享、优势互补、互帮互促、协同推进，开展整体性保护，提高区域生态保护与修复效率。另外，还要将山水林田湖草作为经济发展的一项资源环境硬约束，综合管理水、土、气、生物各种资源，协调自然、经济、社会之间的关系，合理调整产业结构和布局，强化生态修复治理措施，开展综合性保护。

推进生态保护与修复，要根据具体实际采取对应措施。对生态良好区域，主要是加强生态系统现状的维护和保护；对生态问题突出区域，坚持问题导向，按照整体保护、系统修复、综合治理的方针，综合治理生态退化、环境污染、景观破碎、栖息地受损等相关生态问题，因地制宜，选取可行高效的治理技术和方法，将各要素按照生态系统耦合原理联通起来，分阶段、有序实施综合治理与生态修复。

按照统筹推进山水林田湖草系统治理的思路，我国生态保护与修复需重点开展以下工作。一是通过科学评估与系统规划，从我国整体空间战略上确定生态空间布局，构建起我国完善的陆地和海洋生态安全格局，科学布局生态空间，推进"多规合一"，合理构建空间规划体系。二是基于国土生态安全格局，在"最为关

键的生态保护区域"内划定生态保护红线，实行"严格的环境准入制度与管理措施"，防止不合理开发建设活动，确保国家生态安全的底线。三是改革分部门、分资源类型设置自然保护地管理体制，理清各级各类自然保护地关系，构建以国家公园为主体的自然保护地体系，加强自然资源就地保护。四是完成生物多样性保护优先区域本底调查与评估，建立生物多样性观测网络，加大保护力度，提高保护率，提高生态系统的安全性和稳定性。五是因地制宜实施生态保护与修复工程，统筹实施各类生态系统保护与修复，并推动跨区域生态环境协同治理，让透支的资源环境逐步休养生息，扩大森林、草原、湿地等绿色生态空间，改善生态退化地区。

第二节　构建国土生态安全格局

我国辽阔的陆地国土和海洋国土，是中华民族繁衍生息和永续发展的家园。习近平总书记在主持十八届中央政治局第六次集体学习时的讲话中指出，国土是生态文明建设的空间载体，要按照人口资源环境相均衡、经济社会生态效益相统一的原则，整体谋划国土空间开发，科学布局生产空间、生活空间、生态空间，给自然留下更多修复空间。这其中至为关键的是构建国土生态安全格局，即对维护生态过程的健康和安全具有关键意义的陆地和海洋景观元素、空间位置和联系，建立多层次、连续完整的网络，建立生态空间分级管控机制，保障国家生态安全。

一、构建以"两屏三带、一区多点"为主体的陆地生态安全格局

构建陆地生态安全格局是实现陆域生态空间山清水秀的首要任务。《全国主体功能区规划》构建了以"两屏三带、一区多点"为主体的陆地生态安全格局。"两屏"是指青藏高原生态屏障和黄土高原—川滇生态屏障;"三带"是指东北森林带、北方防沙带和南

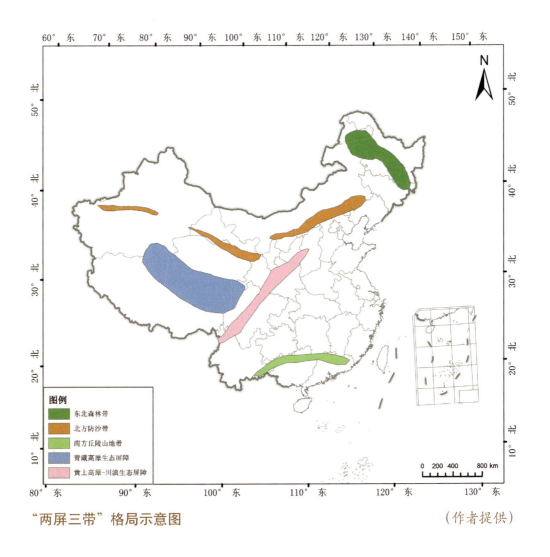

"两屏三带"格局示意图   (作者提供)

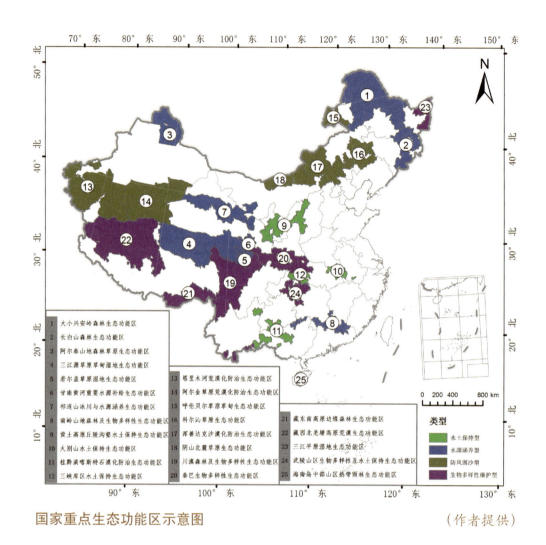

国家重点生态功能区示意图 （作者提供）

方丘陵山地带，还包括大江大河重要水系；"一区"是指国家重点生态功能区；"多点"是指点状分布的国家禁止开发区域。这些区域生态地位突出，一旦遭受破坏，必将影响国土生态空间格局，危及国家生态安全和经济社会可持续发展。

根据"两屏三带"的生态保护实际和需求不同，应因地施策开展保护修复。对于青藏高原生态屏障，要重点保护好多样、独特的生态系统，发挥涵养大江大河水源和调节气候的作用；对于黄土高原—川滇生态屏障，要重点加强水土流失防治和天然植被保护，发挥保障长江、黄河中下游地区生态安全的作用；对于东北森林带，要重点保护好森林资源和生物多样性，发挥东北平原生态安全屏障的作用；对于北方防沙带，要重点加强防护林建设、草原保护和防风固沙，对暂不具备治理条件的沙化土地实行封禁保护，发挥"三北"地区生态安全屏障的作用；对于南方丘陵山地带，要重点加强植被修复和水土流失防治，发挥华南和西南地区生态安全屏障的作用。此外，为了加强区域间生态系统连接，避免"生态孤岛"，需要从区域的视角出发，建立重要生态空间之间的生态廊道，从而提升区域整体的生态连通性。

二、构建"一带一链多点"海洋生态安全格局

海洋既是目前我国资源开发、经济发展的重要载体，也是未来我国实现可持续发展的重要战略空间。我国正构建以海岸带、海岛链和各类保护区为支撑的"一带一链多点"海洋生态安全格局。通过保护北起鸭绿江口，南到北仑河口，纵贯我国内水和领海、专属经济区和大陆架全部海域的生态环境，形成蓝色生态屏障；以遍布全海域的海岛链和各类保护区为支撑，加强沿海防护林体系建设，以保护和修复滨海湿地、红树林、珊瑚礁、海草床、潟湖、入海河口、海湾、海岛等典型海洋生态系统为主要内容，构建海洋生态安全格局。

构建海洋生态安全格局，需要统筹海洋生态保护与开发利用，逐步建立类型全面、布局合理、功能完善的保护区体系，严格限制保护区内干扰保护对象的用海活动，恢复和改善海洋生态环境，强

化以沿海红树林、珊瑚礁、海草床、湿地等为主体的沿海生态带建设，保护海洋生物多样性。在重点海湾等区域实施围填海作业将依法禁止。严格控制开发利用海岸线，守护自然岸线保有率。

[知识链接]

为什么要保护自然岸线

海岸线是海洋与陆地分界线，经过几千年甚至几万年形成，由于涨落潮、烈日、台风等侵蚀，自然赋予了其特殊的生命力，为维持生态安全、地球稳定性提供了重要基础。

但是随着经济高速发展，我国人工岸线在不断扩张，自然岸线在不断减少。近十年，我国围填海面积超过 30 万公顷，全国自然岸线受损比例近 2/3，尤其是生态系统功能多样性突出、价值巨大的生物岸线损失非常严重。

对自然岸线的改变是永久的和不可逆的，其不良后果直观地体现在对原有自然景观的改变和生态系统的破坏上。一方面，在短时间内高强度地改变了自然景观原有的水文、地貌、沉积，可能会带来自然灾害；另一方面，自然岸线地带生态系统稳定性差，大量滨海生物的生存面临直接威胁。

三、建立维护生态安全格局的分级分类管控机制

生态安全格局构建，必须对其基本载体即生态空间实施差别化的管控。要坚持生态优先、区域统筹、协同共治的原则，依据生态保护的重要性和管理需求，实施分级分类管控。应以"三区"（城镇空间、农业空间、生态空间）和"三线"（生态保护红线、永久基本农田保护红线、城镇开发边界）为核心，完善空间规划体系，使管控要求精准落地。

在生态安全格局中，生态保护红线是保障国家生态安全的底线，是需要实行严格保护的生态空间，具体包括各类生态功能极重要区和生态环境极敏感脆弱区；自然保护地是生态安全格局的重要节点，是需要重点保护的生态空间，具体包括国家公园、自然保护区、森林公园、风景名胜区、地质公园、世界文化自然遗产等；除此之外的一般生态空间，按照功能分区落实用途管制。

对于生态保护红线，原则上按禁止开发区域的要求进行管理。严禁不符合主体功能定位的各类开发活动，根据不同的主导功能类型，在生态环境承载范围内因地制宜分别制定陆地和海洋需严格保护生态空间的管控清单制度，实施差别化管控措施。严禁任何单位和个人擅自占用和改变用地性质，严禁围填海和损害海岸地形地貌及生态环境的活动。鼓励按照规划开展维护、修复和提升生态功能的活动。因国家重大战略资源勘查需要，在不影响主体功能定位的前提下，经依法批准后予以安排。

对于国家公园、自然保护区等自然保护地，原则上按照现有管理制度实施管理。国家公园严格规划建设管控，除不损害生态系统的原住民生产生活设施改造和自然观光、科研、教育、旅游外，禁

止其他开发建设活动，不符合保护和规划要求的各类设施、工矿企业等逐步搬离，建立已设矿业权逐步退出机制。对自然保护区等自然保护地，其划入生态保护红线的区域按照现有管理制度与生态保护红线管理相关规定从严执行，未划入红线的区域仍按照现有管理制度实施管理。如风景名胜区，其纳入生态保护红线的核心景区，按照《风景名胜区条例》与生态保护红线管理规定从严管理；其非核心景区按《风景名胜区条例》规定，仍可进行旅游开发建设等活动。

对于其他生态空间，原则上按限制开发区域的要求进行管理。对于生态功能较高、需要重点保护的区域，原则上按照现有管理制度实施管控。对于发生土地沙化、石漠化、水土流失、盐碱化等生态退化的地区，开展生态保护与修复，并建立完善的山水林田湖草系统治理监测评价体系。建立自然岸线保有率控制制度，严格控制改变海岸自然形态和影响海岸生态功能的开发利用活动，预留未来发展空间，严格海域使用审批。按照生态空间用途分区，依法制定区域准入条件，明确允许、限制、禁止的产业和项目类型清单，根据空间规划确定的开发强度，提出城乡建设、工农业生产、矿产开发、旅游康体等活动的规模、强度、布局和环境保护等方面的要求，由同级人民政府予以公示。

第三节　划定并严守生态保护红线

党的十九大报告明确提出完成生态保护红线、永久基本农田、城镇开发边界三条控制线划定工作。这三条控制线，旨在处理好生活、生产和生态的空间格局关系，着眼于推动经济和环境可持续与均衡发展，是美丽中国建设最根本的制度保障之一。作为国土空间的"三大底盘"之一，生态保护红线是生态空间范围内具有特殊重要生态功能、必须强制性严格保护的区域，是保障和维护国家生态安全的底线和生命线。习近平总书记指出，"生态红线的观念一定要牢固树立起来"，"要精心研究和论证，究竟哪些要列入生态红线，如何从制度上保障生态红线，把良好生态系统尽可能保护起来。列入后全党全国就要一体遵行，决不能逾越"。划定并严守生态保护红线，是实施生态空间用途管制的重要举措，是构建国家生态安全格局的有效手段。我们必须正确认识生态保护红线的重大意义，将这条线划好守牢，形成生态保护红线全国"一张图"，实现一条红线管控重要生态空间，为子孙后代留下可持续发展的"绿色银行"。

一、深刻领会生态保护红线内涵

根据国内各相关部门工作实践，"红线"一般指严格管控事物的空间界线，包含数量、比例或限值等方面的管理要求。"红线"概念已被住房和城乡建设部、自然资源部、水利部、国家林业和草原局等多个管理部门广泛使用。2017年2月，中共中央办公厅、国务院办公厅印发的《关于划定并严守生态保护红线的若干意见》中，将生态保护红线定义为：在生态空间范围内具有特殊重要生态功能、必须强制性严格保护的区域，是保障和维护国家生态安全的底线和生命线，通常包括具有重要水源涵养、生物多样性维护、水土保持、防风固沙、海岸生态稳定等功能的生态功能重要区域，以及水土流失、土地沙化、石漠化、盐渍化等生态环境敏感脆弱区域。

这一定义既体现了《环境保护法》的有关规定，又突出了生态保护红线的深刻内涵。

生态保护红线是最为严格的生态保护空间，其内涵可概括为以下"四条线"。

一是生态保护红线是优质生态产品供给线。生态保护红线划定的区域（系统）都是优质生态产品的"生产地"和"发源地"，目标就是要为人民群众提供清新的空气、清洁的水源和宜人的环境。

二是生态保护红线是人居环境安全保障线。生态保护红线的划定考虑了水土流失、土地沙化、石漠化等生态环境敏感脆弱区域，是保障人居安全的重点靶向。

三是生态保护红线是生物多样性保护基线。我国有10%—15%的国家重点保护动植物尚未得到有效保护，农业垦殖、森林采伐、城市化、工业化等人为活动也割裂了野生动植物栖息地，部分野生动植物种群数量受到威胁。通过划定生态保护红线，将生物多样性保护的空缺地区纳入保护范围，确保国家重点保护物种保护率达100%。

四是生态保护红线是国家生态安全的底线和生命线。生态安全是国家安全的重要组成部分。通常认为，国家生态安全是指一国具有支撑国家生存发展的较为完整、不受威胁的生态系统以及应对内外重大生态问题的能力。生态保护红线是保障和维护生态安全的临界值和最基本要求，是保护生物多样性、维持关键物种、生态系统存续的最小空间。可以看出，生态保护红线作为生态空间最重要的区域，在维护生物多样性、提供优质产品、保障人居环境安全方面支撑着经济社会发展，也为国家生态安全提供了坚实支撑和保障。

习近平总书记明确提出，生态保护红线是国家生态安全的底线和生命线，这个红线不能突破，一旦突破必将危及生态安全、人民生产生活和国家可持续发展。"底线"是最少的数量要求，"生命线"是最低的质量要求。只有划好"红线"，坚持"底线"，守住"生命线"，才能最大限度保护重要生态空间，遏制生态系统退化，改善生态环境质量，维护国家和区域的基本生态安全。

二、科学精准划定生态保护红线

《关于划定并严守生态保护红线的若干意见》要求，2018 年年底前，全国完成划定生态保护红线；2020 年年底前，全面完成全国生态保护红线划定，勘界定标，基本建立生态保护红线制度，国土生态空间得到优化和有效保护，生态功能保持稳定，国家生态安全格局更加完善。

划定生态保护红线是一项复杂的系统工程，既需要在技术层面上解决在哪划、划什么、怎么划的问题，又需要在行政层面上解决划定的程序问题。

在划定生态保护红线方面，要经历科学评估、明确范围、确定边界三个步骤。一是开展科学评估。通过生态功能重要性评价和生态环境敏感性评价，在生态空间中科学系统地识别出生态保护的重点区域和空间分布格局。二是校验划定范围。根据科学评估结果，将评估得到的生态功能极重要区和生态环境极敏感区进行叠加合并，并与各类保护地进行校验，形成生态保护红线空间叠加图，确保划定范围涵盖国家级和省级禁止开发区域以及其他有必要严格保护的各类保护地。三是确定红线边界。生态保护红线只有具备明确的边界，才能清晰落地，便于管理。要保证红线的连续性和完整性，将红线边界落实到具体地块，实现精准落图和落地。在此基础上，开展勘界定标，树立统一规范的界桩和标识标牌，让公众真实感受到生态保护红线的存在。

在组织实施方面，采取"上下结合"的方式有序推进。国家层面要充分发挥顶层设计和指导作用，制定生态保护红线划定的技术规范，提出生态保护红线空间格局，做好跨省域的衔接与陆海统筹，形成全国红线"一张图"。各省（区、市）作为实施红线划定工作的责任主体，要以维护国家和区域生态安全为目标，按照"应划尽划，应保尽保"的原则要求，结合区域生态保护实际与经济发展水平，划好划实这条红线，既要留住"绿水青山"，也要预留发展空间。划定过程中，特别要把红线落地作为重点，明确红线详细边界，只有"划得清"，才能"守得住"。

[案　例]

四川省生态保护红线内面积占全省面积三成以上

《四川省生态保护红线方案》确定，四川省生态保护红线总面积 14.80 万平方公里，占全省辖区面积的 30.45%。空间分布格局呈"四轴九核"，分为 5 大类 13 个区块。

四川省生态保护红线涵盖了水源涵养、生物多样性维护、水土保持功能极重要区，水土流失、土地沙化、

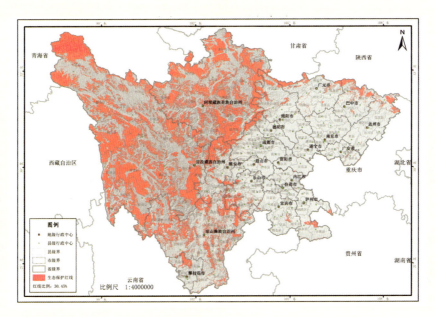

四川省生态保护红线分布图 （作者提供）

石漠化极敏感区，自然保护区、森林公园的生态保育区和核心景观区，等等，主要分布于川西高山高原、川西南山地和盆周山地。

13条生态保护红线将能起到优化生态安全格局，系统保护山水林田湖草；保护自然生态系统，提升生态屏障功能；保护生物生境，维护生物多样性；以及促进经济社会可持续发展等效益效果。

例如，在保护生物生境、维护生物多样性方面，四川省生态保护红线全面覆盖了省域内32个国家级自然保护区、63个省级自然保护区，自然保护区划入生态保护红线的总面积达5.47万平方公里，占省级以上自然保护区总面积的96.49%。

三、建立生态保护红线制度体系

生态保护红线要划得出，更要守得住。严守生态保护红线的关键在于底线意识的树立、用途管制制度的落实、生态保护补偿机制的建立以及严格评价考核，形成一整套生态保护红线制度体系，真正实现一条红线管控重要生态空间。

牢固树立底线意识。划定生态保护红线彰显了我国在生态文明建设领域的思想认识飞跃与实践路径创新，这条线不仅要划在图上，落在地上，更重要的是要划在头脑里，牢固树立底线意识，对生态保护红线心生敬畏，坚持可持续发展，转变过去片面追求经济增长、忽视甚至牺牲生态环境的发展观念，推动形成绿色发展方式和生活方式。

落实用途管制制度。强化生态保护红线的用途管制，从源头上杜绝不合理开发建设活动对生态保护红线的破坏。实施用途管制的关键在于建立产业准入制度和责任追究制度，实行清单化管理，提高准入门槛，严禁不符合生态保护红线主体功能定位的开发建设项目。对于违法违规任意改变土地用途导致生态破坏的行为和个人，要严肃追究责任。

建立生态保护补偿机制。各地区、各部门协同联动，加大对生态保护红线的支持力度，加快健全生态保护补偿制度，完善国家重点生态功能区转移支付政策。推动生态保护红线所在地区和受益地区探索建立横向生态保护补偿机制，共同分担生态保护任务。

开展评价考核。构建生态保护红线生态功能评价指标体系和方法并定期组织开展评价，将评价结果作为优化生态保护红线布局、安排县域生态保护补偿资金和实行领导干部生态环境损害责任追究的依据，并向社会公布。基于评价结果和目标任务完成情况，对各省（区、市）党委和政府开展生态保护红线保护成效考核，并将考核结果纳入生态文明建设目标评价考核体系，作为党政领导班子和领导干部综合评价及责任追究、离任审计的重要参考，确保生态保护红线守得住、有权威、效果好。

四、加强生态保护红线监督管理

严守生态保护红线重在监管，要实现生态功能不降低、面积不减少、性质不改变的保护目标，必须创新生态环境监管机制，切实建立严密的监管体系。

建立天空地一体化的监测监控网络。生态保护红线范围大，分布广，系统复杂，完全依靠人力开展地面监管难以实现。当前，大数据、云计算等技术为生态保护红线监管提供了全新手段。结合相关部门和科研院所基础条件，建设和完善生态保护红线综合监测网络体系，对红线范围开展实时监控成为可能。生态环境部将于2020年年底前建立统一的国家生态保护红线监管平台，各省（区、市）作为国家统一监管平台的重要节点，要在划定工作基础上切实加强能力建设，纳入国家平台系统，实现国家和地方互联互通。

[知识链接]

国家生态保护红线监管平台和红线标识

国家生态保护红线监管平台预计 2020 年年底前建

生态保护红线标识　　　　（作者提供）

成，是国家生态保护红线监测网络体系的重要组成部分，平台将依托卫星遥感手段和地面生态系统监测站点，采用三维地图、动态报表、时间序列、空间分布、视频直连、动画模拟、共享空间、举报窗口等多种技术，形成天空地一体化监测监控网络，获取生态保护红线监测数据，掌握生态系统构成、分布与动态变化，及时评估和预警生态风险，实时监控人类干扰活动。

生态环境部联合自然资源部发布生态保护红线标识，标识的设计由甲骨文"山"字演化而来，山水与大地合为一体代表天地人和，体现"绿水青山就是金山银山"，也体现了人与自然及生态的和谐关系。设立统一规范的标识标牌，是推动生态红线落地的重要一步和关键环节。生态保护红线标识的揭晓，标志着生态保护红线有了自己的"商标"和"形象大使"，生态保护红线工作已经由"划定"阶段逐步转入勘界定标和制定配套政策的"严守"阶段。有了标识，社会公众对生态保护红线的认识和理解更加直观，助推"绿水青山就是金山银山"的理念更加深入人心。

强化执法监督。生态环境部"三定"规定明确了生态环境部在生态保护方面行使监管的职能，其中重要的一条就是承担自然保护地和生态保护红线的监督监管工作。为此，各级生态环境保护部门和有关部门要按照职责分工加强生态保护红线执法监督，建立生态保护红线常态化执法机制，定期开展执法督察和专项行动，不断提高执法规范化水平。及时发现和依法处罚破坏生态保护红线的违法行为，切实做到有案必查、违法必究。有关部门要加强与司法机关的沟通协调，健全行政执法与刑事司法联动机制。

严格责任追究。对违反生态保护红线管控要求、造成生态破坏的部门、地方、单位和有关责任人员，按照有关法律法规和《党政领导干部生态环境损害责任追究办法（试行）》等规定实行责任追究。对推动生态保护红线工作不力的，区分情节轻重，予以诫勉、责令公开道歉、组织处理或党纪政纪处分，构成犯罪的依法追究刑事责任。对造成生态环境和资源严重破坏的，要实行终身追责，责任人不论是否已调离、提拔或者退休，都必须严格追责。

《党政领导干部生态环境损害责任追究办法（试行）》

第四节　建立以国家公园为主体的自然保护地体系

自然保护地是各级政府依法划定或确认，对重要的自然生态系统、自然遗迹、自然景观及其所承载的自然资源、生物多样性和文化价值，实施长期保护的陆域或海域。设立自然保护地是为了维持自然生态系统的正常运作，为物种生存提供庇护所，保存物种和遗传多样性，维持健康的生态过程，提供环境服务，维持文化和传统特征。党的十九大报告明确提出"建立以国家公园为主体的自然保护地体系"，目的是为了改革各部门分头设置自然保护区、风景名胜区、文化自然遗产、森林公园、地质公园等的体制，加强对重要生态系统的保护和利用。要按照主体功能区规划，统一国土空间用途管制，将生态功能重要、生态环境敏感脆弱以及其他有必要严格保护的区域，因地制宜划入各类自然保护地，纳入生态保护红线管控范围，实行整体保护、系统修复。

一、加快建设国家公园

（一）开展国家公园体制试点工作

国家公园是指由国家批准设立并主导管理，边界清晰，以保护具有国家代表性的大面积自然生态系统为主要目的，实现自然资源科学保护和合理利用的特定陆地或海洋区域。国家公园是我国自然保护地最重要类型之一，与其他自然保护地相比，生态价值最高，保护范围更大，生态系统更完整，原真性更强，管理层级最高，在国家公园体制建立以后，将成为自然保护地体系的主体。按山水林田湖草生命共同体的理念，将具有国家或者国际意义的大范围自然生态系统纳入国家公园，实现大范围的完整保护，维持大尺度的生态过程，主要保护具有国家代表性的自然生态系统原真性以及承载的生物、地质地貌、景观多样性和特殊文化价值，维持生态系统结构、过程、功能的完整性。国家公园属于全国主体功能区规划中的禁止开发区域，纳入全国生态保护红线区域管控范围，实行最严格的保护。除原住居民可持续地生产生活、特定区域人工生态系统修复和游憩体验外，禁止其他开发建设活动，严格控制国家公园内游憩体验和原住居民生活区面积，确保高质量的生态空间受到最严格的保护管理。

2013 年 11 月，党的十八届三中全会通过的《中共中央关于全面深化改革若干重大问题的决定》中明确提出要"建立国家公园体制"。2017 年 9 月，中共中央办公厅、国务院办公厅印发了《建立国家公园体制总体方案》。2018 年 3 月，国务院机构改革组建国家公园管理局，统一管理国家公园及各类自然保护地，标志着我国建立国家公园体制工作开始全面推进。2015 年以来，中央全面深化改革领导小组（委员会）审议通过了三江源、东北虎豹、大熊猫、祁连山 4 处国家公园体制试点方案，国家发展和改革委员会同中央机构编制委员会办公室、财政部、自然资源部、生态环境部等 12 部门批准了湖北神农架、福建武夷山、浙江钱江源、湖南南山、北京长城、云南普达措 6 处国家公园体制试点方案，目前，已经在青海、四川、甘肃、陕西等 12 个省（市）开展 10 个国家公园体制试点工作。已形成包括成立统一管理机构、建立自然资源产权体系、生态保护补偿制度等在内的可复制、可推广的经验。《建立国家公园体制总体方案》明确提出，到 2020 年，中国建立国家公园体制试点基本完成，整合设立一批国家公园，分级统一的管理体制基本建立，国家公园总体布局初步形成。到 2030 年，国家公园体制更加健全，分级统一的管理体制更加完善，保护管理效能明显提高。

[知识链接]

国家公园体制试点区及其主要保护对象

编号	名　称	主要保护对象
1	三江源国家公园	①草地、林地、湿地、荒漠；②冰川、雪山、冻土、湖泊、河流；③国家和省级保护的野生动植物及其栖息地；④矿产资源；⑤地质遗迹；⑥文物古迹、特色民居；⑦传统文化；⑧其他需要保护的资源
2	东北虎豹国家公园	东北虎豹及其赖以生存的大面积的森林、草地以及沼泽地等生态系统
3	大熊猫国家公园	生物资源、景观资源、生态环境等
4	湖北神农架国家公园	①自然资源，包括地质地貌奇观、北亚热带原始森林、常绿落叶阔叶混交林生态系统、泥炭藓湿地生态系统、北亚热带古老孑遗，以金丝猴和冷杉、珙桐为代表的珍稀濒危特有物种及其关键栖息地等核心资源；②人文资源，包括神农炎帝文化、川鄂古盐道、南方哺乳动物群化石、远古人类旧石器遗址以及汉民族神话史诗等；③其他需要保护的资源
5	福建武夷山国家公园	①中亚热带原生性的天然常绿阔叶林构成的森林生态系统；②珍稀濒危野生动植物资源；③世界生物模式标本产地；④福建最长的地质断裂带及丰富多样的地质地貌等自然景观；⑤福建闽江和江西赣江重要的水源保护地
6	浙江钱江源国家公园	白颈长尾雉、黑麂等珍稀濒危物种及其栖息地

续表

编号	名　称	主要保护对象
7	湖南南山国家公园	①珍稀野生动植物资源；②天然的山顶湿地；③迁徙候鸟及其停歇地和觅食地；④山地草甸生态系统
8	北京长城国家公园	长城世界文化遗产及其周边自然生态环境
9	云南普达措国家公园	①水系、湖泊、湿地；②野生动物、植物；③文物古迹和特色民居建筑；④民族民间文化；⑤田园牧场；⑥地质遗迹
10	祁连山国家公园	雪豹等珍稀濒危物种及其栖息地

[案　例]

三江源国家公园

2016 年 3 月 5 日，中央批准的我国第一个国家公园体制试点——三江源国家公园体制试点正式启动。2018 年 1 月 12 日，国家发展和改革委员会正式印发《三江源国家公园总体规划》，标志着三江源国家公园建设步入全面推进阶段。

三江源国家公园面积 12.31 万平方公里，是目前试点中面积最大的一个。地处青藏高原腹地，是长江、

三江源国家公园的牧民成为生态管护员　　（新华社发　张龙/摄）

黄河、澜沧江的发源地，是我国淡水资源的重要补给地，是高原生物多样性最集中的地区，是亚洲、北半球乃至全球气候变化的敏感区和重要启动区。特殊的地理位置、丰富的自然资源、重要的生态功能使其成为我国重要生态安全屏障。在全国生态文明建设中具有特殊重要地位，关系到全国的生态安全和中华民族的长远发展。

（二）完善国家公园管理制度

国家公园的建立，不是简单的管理体制调整，更不是部门利益之争，而是在新的历史条件下，体现国家对保护自然资源和生态环境、促进民生福祉的责任担当，体现国家对维护、持有、管理国家专属资产的国家意志，体现促进当代和后代长久发展的国家利益。建立国家公园体制的内容主要包括以下要点。

第一，建立统一事权、分级管理体制。整合相关自然保护地管理职能，由一个部门统一行使国家公园自然保护地管理职责。部分国家公园的全民所有自然资源资产所有权由中央政府直接行使，其他的委托省级政府代理行使。条件成熟时，逐步过渡到国家公园内全民所有自然资源资产所有权由中央政府直接行使。合理划分中央和地方事权，国家公园所在地方政府行使辖区（包括国家公园）经济社会发展综合协调、公共服务、社会管理和市场监管等职责。合理划分中央和地方事权，构建主体明确、责任清晰、相互配合的国家公园中央和地方协同管理机制。

第二，建立健全监管机制。健全国家公园监管制度，加强国家公园空间用途管制，严格落实考核问责制度，强化国家公园管理机构的自然生态系统保护主体责任，明确当地政府和相关部门的相应责任。建立国家公园管理机构自然生态系统保护成效考核评估制度。完善监测指标体系和技术体系，定期对国家公园开展监测。构建国家公园自然资源基础数据库及统计分析平台。加强对国家公园生态系统状况、环境质量变化、生态文明制度执行情况等方面的评价，建立第三方评估制度，对国家公园建设和管理进行科学评估。建立健全社会监督机制，建立举报制度和权益保障机制，保障社会公众的知情权、监督权，接受各种形式的监督。

第三，建立健全资金保障和生态补偿制度。加大政府投入力度，推动国家公园回归公益属性。在确保国家公园生态保护和公益属性的前提下，探索多渠道多元化的投融资模式。建立健全森林、草原、湿地、荒漠、海洋、水流、耕地等领域生态保护补偿机制，加大重点生态功能区转移支付力度，健全国家公园生态保护补偿政策。鼓励受益地区与国家公园所在地区通过资金补偿等方式建立横向补偿关系。加强生态保护补偿效益评估，完善生态保护成效与资金分配挂钩的激励约束机制，加强对生态保护补偿资金使用的监督管理。

（三）以国家公园为主体推进自然保护地体系建设

单个和零散的自然保护地难以满足全面保护生态的需求，为了更有效地实现生态系统保护的功能和生物多样性保护的目标，需要在不同空间尺度和管理层级上建立一系列的自然保护地，形成有机联系的统一整体，这就构成了自然保护地体系。《建立国家公园体制总体方案》明确提出要"构建统一规范高效的中国特色国家公园体制，建立分类科学、保护有力的自然保护地体系"。

确定国家公园空间布局。制定国家公园设立标准，根据自然生态系统代表性、面积适宜性和管理可行性，明确国家公园准入条件，确保自然生态系统和自然遗产具有国家代表性、典型性，确保面积可以维持生态系统结构、过程、功能的完整性，确保全民所有的自然资源资产占主体地位，管理上具有可行性。坚持将山水林田湖草作为一个生命共同体，统筹考虑保护与利用，对相关自然保护地进行功能重组，合理确定国家公园的范围，明确国家公园建设数量、规模。按照自然生态系统整体性、系统性及其内在规律，对国家公园实行整体保护、系统修复、综合治理。国家公园建立后，在相关区域内一律不再保留或设立同类其他自然保护地。

优化完善自然保护地体系。改革分头设置自然保护区、风景名胜区、文化自然遗产、地质公园、森林公园等,研究自然保护区、风景名胜区等保护地功能定位,对我国现行自然保护地保护管理效能进行评估,逐步改革按照资源类型分类设置自然保护地体系,研究科学的分类标准,理清各类自然保护地关系,构建以国家公园为主体的自然保护地体系。

二、加强自然保护区建设与管理

1956 年,广东鼎湖山自然保护区的建立,标志着我国自然保护区建设起步。经过六十多年的发展,目前,全国自然保护区数量已达 2750 处,自然保护区面积约占陆地国土面积的 15%,逐步形成了布局基本合理、类型较为齐全、功能渐趋完善的体系,但一定程度上还存在着多头管理、与其他类型自然保护地交叉重叠、范围和功能区划不尽合理等问题。党和国家机构改革以后,所有自然保护区已经实现统一管理,多头管理的弊端将被克服。结合建立以国家公园为主体的自然保护地体系目标,下一步自然保护区建设应围绕以下方面开展。

(一)加强自然保护区制度及机构建设

一是明确地方人民政府、保护区管理机构的职能职责,依法规范自然保护区的设立与调整审查制度、自然资源资产产权制度、管理制度、生态补偿制度、保护区与社区共建制度。二是编制机构管理部门要尽快规范国家级、省级自然保护区的机构设置、财政补助。三是明确自然保护区管理的公益性质,将保护区的监管人员纳入公务员或者参照公务员管理单位，核定机构级别、职责定位与编制等。四是构建协同管理机制，合理划分中央和地方、统一监管部门与各级自然保护区管理机构、相关行业管理部门的事权，明确分工。在党委和政府的统一领导下，各负其责。

（二）强化自然保护区执法监管

严格落实《森林法》《野生动物保护法》《环境保护法》《自然保护区条例》等法律法规，定期或不定期开展自然保护区监督检查，严肃查处自然保护区中各类违法违规行为，督促地方对自然保护区人类活动进行排查清理，对存在问题治理整顿；采取约谈、挂牌督办、曝光、信息公开等手段，强化问责监督。持续开展"绿盾"自然保护区监督检查专项行动，建立综合执法长效机制。

[延伸阅读]

"绿盾2017"国家级自然保护区监督检查专项行动

2017年，原环境保护部等七部门在全国联合组织开展"绿盾2017"国家级自然保护区监督检查专项行动，对446个国家级自然保护区和部分省级保护区进行监督检查，加强对自然保护区违法违规问题查处和整改，坚决制止和惩处破坏生态环境行为。

"绿盾2017"专项行动首次实现对国家级自然保护区的全覆盖，是我国自然保护区建立以来动员范围最广、查处问题最多、整改力度最大、警示作用最强的一次监督检查行动，也是七个部门首次联合开展的监督检查行动。

国家层面共组织 280 多名管理和技术人员参与绿盾行动的筹备、组织和巡查工作，重点排查处理采矿、采砂、工矿企业和自然保护区核心区与缓冲区内的旅游开发、水电开发等对生态环境影响较大的问题，对全国 31 个省（区、市）130 个自然保护区的 1300 余处点位进行实地巡查。

地方层面共组织 5.8 万多人参与实施"绿盾"专项行动，将专项行动作为强化自然保护区监督管理、严厉查处违法违规活动的重要机遇。绝大多数地方组建了部门联合工作机制，建立了违法违规问题管理台账，开展了保护区自查和省级工作组现场抽查检查，"自下而上"与"自上而下"相结合，对全国 446 个国家级保护区和部分省级保护区进行了全面的实地核查和问题处理整改。

专项行动调查处理 20800 多个涉及自然保护区的问题线索，关停取缔企业 2460 多家，强制拆除建筑设施590 多万平方米；各地追责问责的领导干部达 1100 多人，其中处理厅级干部 60 人、处级干部 240 多人。

（三）开展自然保护区规划修编工作

目前大多数省级以上自然保护区都编制了总体规划，但受历史原因和当时技术条件所限，保护区缺乏科学、系统的本底资源调查，保护区范围界定、功能区划分存在诸多不合理的情况，需要及时进行调整。另外，大多数县级自然保护区都没有相应的总体规划，应责成所在地县级人民政府依照自然保护区管理要求开展相应的规划、勘界立标与规范管理等工作。

（四）妥善处理保护区内土地权属问题

一是加快推动自然保护区内的自然资源统一确权登记工作。划清全民所有和集体所有之间的边界，划清不同集体所有者的边界，实现归属清晰、权责明确。二是建立自然资源资产产权流转制度，解决因自然保护区土地权属造成的经营和保护的矛盾。三是对于自然保护区核心区和缓冲区内的原住居民，整合各种移民政策，研究实施生态移民。同时，结合扶贫攻坚工作，切实保护好原住居民的合法权益。

（五）统筹协调生态保护与经济发展

要认真落实主体功能区规划，严格国土空间管控，严格执行生态环境损害责任追究制度。协调好区域社会经济发展与生态资源保护之间的关系。在自然保护区的实验区，对生态产业要积极引导、规范发展，努力形成在保护中发展，在发展中实现更好保护的局面。

三、推进其他自然保护地管理

除国家公园和自然保护区外，风景名胜区、森林公园、湿地公园、沙漠公园、海洋公园、地质公园等各类自然公园也是自然保护地的重要组成部分。这些数量多、分布广的自然保护地，也是构建生态安全屏障的战略支撑点，需要进一步加强职能整合和整体性管理与保护。

（一）明晰自然保护地范围和界限

省级相关主管部门要统一组织，对本地区自然保护地的范围和界限进行逐一调查核实，确保每个保护地的范围和界限能准确落实到图纸上。对因档案资料缺失导致范围不清或存在误差的，以及因历史原因将城镇建设用地、行政村建设用地、永久基本农田等划入保护地范围的，应当根据实际情况，按照国家对各类保护地设立的标准，合理确定相关保护地的范围和界限，并按程序办理各类保护地改变经营范围的行政审批。

（二）明确各类自然保护地功能定位

不同类型自然保护地的保护对象各有侧重和不同，如风景名胜区主要是保护和管理风景名胜资源、森林公园侧重对森林资源和森林景观的保护、地质公园主要针对地质遗迹的保护。要理顺我国各类自然保护地之间的关系，明确不同类型自然保护地管理目标和功能定位。通过对人类活动的"疏堵"结合，发挥风景名胜区、森林公园、湿地公园、沙漠公园、海洋公园、地质公园等不同类型自然保护地生态保护的协同作用，有效保护区域和国家生态安全。

（三）多措并举实现自然保护地管理规范化

要采取签订保护管理目标责任书等形式，落实责任主体；要采取自然保护地自查、专项督察、书面检查、实地检查、约谈、限期整改等方式方法，逐步实现各类自然保护地日常管理的规范化；要建立健全举报制度，及时发现违法违规问题，对发现的违法违规问题，各级相关主管部门要积极做好汇报和协调，形成政府支持推动、部门间分工协作、部门内相互配合的合力，有效打击自然保护地内的违法活动。

（四）妥善处理自然保护地内采矿、采石、挖沙等历史遗留问题

各级相关主管部门要全面落实国家禁止开发区域的要求，对保护地内的采矿、采石、挖沙问题进行核实和梳理，根据国家相关法律、法规的规定，全面清理各类矿产资源开发项目，依法有序退出。因地方经济或民生服务必须保留的，在符合相关保护地改变经营范围审批条件的前提下，合理调整保护地的范围。

四、构建科学合理的自然保护地体系

国家进行顶层设计，建立统一的分级分类管理体制。通过明确自然保护地功能定位，科学划定自然保护地类型，编制自然保护地空间规划，整合交叉重叠的自然保护地，归并优化相邻自然保护地，把生态安全关键区域和最珍贵、最重要生物多样性集中分布区优先纳入国家公园，确立国家公园主体地位。凡纳入国家公园范围的其他自然保护地按照相关程序逐步退出，不再保留或设立其他自然保护地类型。以保持生态系统完整性为原则，遵从保护面积不减少、保护强度不降低、保护性质不改变的总体要求，整合各类自然

保护地，解决自然保护地区域交叉、空间重叠的问题，做到一个保护地、一套机构、一块牌子，被整合的自然保护地类型按相关程序退出。对于涉及国际履约的自然保护地，可以保留履行相关国际公约的名称。

第五节 保护生物多样性

生物多样性是生物（动物、植物、微生物）与环境形成的生态复合体以及与此相关的各种生态过程的总和。生物多样性是人类赖以生存的条件，是社会经济发展的战略资源，是生态安全和粮食安全的重要保障。生物多样性与人类的生活和福利密切相关，它不仅给人类提供了丰富的食物、药物资源，而且在保持水土、调节气候、维持自然平衡等方面起着不可替代的作用，表现为经济效益、生态效益和社会效益三者的高度统一，是人类社会可持续发展的生存支持系统。反之，生物多样性的丧失会引发不断恶化的健康问题、更高的食品风险、日益增加的生态脆弱性、更少的发展机会，危及子孙后代的福祉。因此，保护生物多样性既是生态保护与修复的一项重要内容，也是生态保护与修复的重要目标。习近平总书记明确指出，实施重要生态系统保护和修复重大工程，优化生态安全屏障体系，构建生态廊道和生物多样性保护网络，提升生态系统质量和稳定性。

一、加强生物多样性保护的顶层设计

2010年，经国务院批准，原环境保护部发布了《中国生物多样性保护战略与行动计划（2011—2030 年）》，这是指导我国生物多样性保护的纲领性文件。2011 年，国务院批准成立中国生物多样性保护国家委员会，由国家领导人担任主席，成员包括中共中央宣传部、国家发展和改革委员会等二十多个部委和单位，秘书处设在原环境保护部，统筹协调生物多样性保护工作，指导"联合国生物多样性十年中国行动"，并承担中国履行《生物多样性公约》的协调工作。全国大部分省（区、市）成立了跨部门的生物多样性保护协调机制，一些省（区、市）发布了省级生物多样性保护战略与行动计划，云南省出台了全国首个省级生物多样性保护条例。

完善地方生物多样性保护体制机制，加强生物多样性保护的制度保障是当务之急。要出台生物多样性保护地方性法规，进一步完善各地跨部门的生物多样性保护协调机制，加快编制和定期更新生物多样性保护战略与行动计划。

[知识链接]

《中国生物多样性保护战略与行动计划（2011—2030 年）》

《中国生物多样性保护战略与行动计划（2011—2030 年）》分析了我国生物多样性保护的现状、成效、问题与挑战，划定了 35 个生物多样性保护优先区域，提出了我国 2011—2030 年的生物多样性保护总体目标、战略任务和优先领域与行动。

《中国生物多样性保护战略与行动计划（2011—2030年）》要求，到2020年，生物多样性保护优先区域的本底调查与评估工作全面完成，并实施有效监控。基本建成布局合理、功能完善的自然保护区体系，国家级自然保护区功能稳定，主要保护对象得到有效保护。通过监测、评估与预警建立起的全国生物多样性观测体系、生物物种资源出入境管理制度以及生物遗传资源获取与惠益共享制度得到完善。

二、履行生物多样性保护国际义务

生物多样性保护是人类共同面临的问题，也是中国作为负责任大国应当履行的国际义务。1992年6月，联合国环境与发展大会通过了具有里程碑意义的《生物多样性公约》，我国是最早加入《生物多样性公约》的国家之一。我国积极履行《生物多样性公约》及其议定书，将生物多样性保护作为生态文明建设的重要内容，纳入各部门各地区的有关规划计划中并予以实施，获得国际社会的认可。2020年，我国将举办《生物多样性公约》第十五次缔约方大会。我国将通过大会推动新的全球生物多样性战略计划，为2021年至2030年全球生物多样性保护设计目标与路线图。地方应积极参与国家履约活动，全方位、多层次展示我国生态文明建设成就，分享创新、协调、绿色、开放、共享的发展理念。

三、夯实生物多样性保护的基础

生物多样性本底调查、观测和评估是制定生物多样性保护方案、开展保护政策的前提。通过生物多样性本底调查，可以获取详细准确的生物多样性分布数据。在一定区域内对生物多样性进行定期观测，可以掌握生物多样性变化趋势，揭示影响生物多样性的自然和人为因素。生物多样性评估可以表征生物多样性的整体状况、明确保护重点和目标。近年来，生态环境部发布了县域生物多样性调查与评估技术规定12项、生物多样性观测技术导则13项、中国生物多样性红色名录3卷，开展了重点地区生物多样性本底调查与评估，初步建立了全国生物多样性观测体系，开展了主要生物类群的常态化观测。根据国家技术规范的要求，各地区应结合当地生物多样性分布的特点，开展重点地区、重点生物类群的调查、观测和评估，提升生物多样性保护管理的水平。

四、开展就地保护与迁地保护

在原有的自然条件下，对生态系统和自然栖息地以及存活种群进行就地保护与恢复，是生物多样性保护中最为有效的措施。建立自然保护地体系，设立自然保护区是就地保护的重要措施。目前，各类就地保护场所达一万余处，总面积约占我国陆域国土面积的18%，89%的国家重点保护野生动植物在自然保护区内得到保护，部分珍稀濒危物种野外种群正在逐步恢复，大熊猫、东北虎、朱鹮、藏羚羊、扬子鳄等部分珍稀濒危物种野外种群数量稳中有升。今后要扩大保护区数量和面积，优化空间布局，提升保护区管理水

我国珍稀物种朱鹮种群繁衍稳中有升 （新华社记者 陶明 / 摄）

平，加强生物廊道和保护区群建设，增加保护地的连通性，进而提高就地保护的成效。

在不具备就地保护条件时，将生物多样性的组成部分移到它们的自然环境之外进行迁地保护，如建设动物园、植物园、区域生物遗传资源库和种质资源库等，是生物多样性保护的一种辅助措施。据不完全统计，全国已建动物园（动物展区）240 多个，建立 250 处野生动物救护繁育基地，建立植物园（树木园）250 座，建成由国家中期库、国家种质库、省级中期库、国家种质圃等 74 个库圃组成的国家农作物种质资源平台，使濒临灭绝的大熊猫、朱鹮、东北虎等近 10 种极危动物种群开始复苏，60 多种珍稀、濒危野生动物人工繁殖成功。今后要加强迁地保护能力建设，进一步优化动物园、植物园布局，开展标准化试点建设。建设一批区域生物遗传资源库和种质资源库，开展濒危种、特有种和重要生物遗传资源的收储。

五、维护国家生物安全

外来入侵物种是导致全球生物多样性丧失的主要因素之一。伴随我国全方位对外开放新格局推进进程，生物入侵的压力继续增大。截至 2017 年，我国已发现 660 多种外来入侵物种，已有 213 种外来物种入侵我国国家级自然保护区。近年来，外来入侵物种在我国呈现传入频率加快、数量增多、种类增加、蔓延范围扩大、危害加剧、损失加重的趋势，对我国生物安全的威胁不断加大。

转基因生物的安全性问题一直伴随着转基因技术的每个发展阶段，转基因生物的安全性问题主要包括食品安全、环境安全以及对社会经济、伦理、法律（如知识产权）的影响。生态环境部联合有关部门参加了《卡塔赫纳生物安全议定书》历次缔约方大会和其他相关会议，提交了三次国家报告，对于推动议定书的有效履行发挥了积极作用。

为维护国家生物安全，今后要进一步开展外来入侵物种调查，建立完善外来入侵物种的预警和监测体系，开展外来物种风险评估，开展转基因生物环境释放风险评估。

六、推进生物多样性保护重大工程

我国将实施生物多样性保护重大工程，着力在以下几个方面开展工作：加快建立国家生物多样性调查体系，构建布局合理、功能完善的全国生物多样性观测网络体系，开展重要生态系统和主要生物类群的常态化观测；进一步加强以自然保护区为主的就地保护能力建设，扩大保护区数量和面积，加强生物廊道和保护区群建设，提高连通性；加强迁地保护能力建设，优化动物园、植物园布局，建设一批区域生物遗传资源库和种质资源库；制定和完善生物遗传资源获取与惠益分享管理制度，规范生物遗传资源保护与利用；继续实施退耕还林、退牧还草、湿地保护与恢复等重点生态工程，推进重要生态系统保护与修复；进一步落实《联合国生物多样性十年中国行动方案》，提高公众保护意识，创造全民参与生物多样性保护的良好氛围。

各地区应积极配合国家生物多样性保护重大工程的实施，充分调动当地的资金和技术力量，加大投入，组织开展地方生物多样性保护项目，提升生物多样性保护的整体能力。

第六节　修复生态退化地区

习近平总书记指出，要让透支的资源环境逐步休养生息，扩大森林、湖泊、湿地等绿色生态空间，增强水源涵养能力和环境容量。"青山就是美丽"，只有恢复绿水青山，才能使绿水青山变成金山银山。

一、坚持生态系统自然恢复为主

自然状态下，生态系统对所受到的干扰具有一定的恢复能力。在区域不超过自然恢复的阈值条件下，生物恢复的条件还在，只要人类停止对退化生态系统的干扰，减轻生态压力，生态系统会自发地发生自然演替，向原有生态系统状态发展，逐步恢复生机。坚持自然恢复为主，就是要充分利用生态系统的自我调节、自我修复能力，避免人类对自然的干预，降低生态环保的成本，起到事半功倍的效果。坚持自然恢复为主，有助于生态保护工作由事后修复向事前保护转变、由人工建设为主向自然恢复为主转变，从源头上扭转生态恶化趋势。

我国实施的以自然恢复为主的重大生态保护与修复工程主要包括天然林保护工程、退耕还草、退牧还草、草原封育、沙化土地封育等。1998年至2017年，我国天然林保护工程累计完成公益林建设任务2.75亿亩，中幼龄林抚育任务1亿亩，使19.32亿亩天然林得以休养生息。工程区天然林面积增加近1亿亩，天然林蓄积增加12亿立方米，增加总量分别占全国的88%和61%。2013年我国启动实施了沙化土地封禁保护区试点，2015年制定了《国家沙化土地封禁保护区管理办法》。党的十八大以来，先后在内蒙古、西藏、陕西、甘肃、青海、宁夏、新疆7个省（区）的71个县开展了试点建设，封禁保护面积达133万多公顷。

生态系统自然恢复，需要充分尊重自然规律和生态系统演替规律，依据生态本底情况，针对不同地域，采取有针对性的退耕还草还林，封育、围栏等工程措施。对于退耕还林还草工程，应注意在年均降水量不足300毫米的半干旱、干旱地区恢复，不应强求恢复成森林生态系统，而应尊重当地自然条件，逐步恢复草原或灌丛生态系统。对于草原封育、沙化土地封育等封育恢复，应对封育方式、封育时间长短以及封育前退化草场的本底背景等进行全面科学评估。

对生态系统采取自然恢复措施，并不是完全不允许外界干扰。如草原封育，一般封禁时间为五年，前两年采取全封方式，除科研调查和抚育管护人员外，不准人畜进入，后三年以轮封方式为主，即以草定畜，合理放牧，采集枯枝，但不得砍伐林木、灌丛及挖草皮。这种恢复机制已在内蒙古草原取得了良好效果。

二、实施生态修复与建设工程

强调生态自然恢复为主并不是不作为，而是要顺应自然，科学作为。在条件原本就恶劣的地区，或者由于破坏时间长、生态不可逆转退化，即便完全封禁保护，人类不再破坏、干扰，自然恢复也几无可能的地区，要坚持自然修复与人工治理相结合，开展生态修复治理工程。党的十九大报告明确指出，"开展国土绿化行动，推进荒漠化、石漠化、水土流失综合治理，强化湿地保护和恢复，加强地质灾害防治"。因此，实施生态修复治理工程是我国生态退化地区开展生态保护的重要举措。

目前，我国已经实施了"三北"防护林工程、京津风沙源治理工程、沿海防护林工程、长江防护林工程、珠江防护林工程、平原农田防护林体系建设工程、太行山绿化工程、石漠化综合治理工程、湿地保护与恢复工程、三江源生态保护和建设工程、重点地区速生丰产用材林基地建设工程等 16 项世界级重点生态工程，我国生态建设进入了大工程带动大发展的新阶段。全国森林面积达到 31.2 亿亩，森林覆盖率由新中国成立初期的 8.6% 提高到目前的 21.66%，人工林保存面积达到 10.4 亿亩，居世界第一位，深圳市等 27 个城市获得"国家森林城市"称号。"十二五"期间，实施湿地保护修复工程和湿地补助项目达 1500 多个，恢复湿地 23.33 多万公顷，退耕还湿 5.1 万公顷，全国湿地总面积 5360.26 万公顷，湿地保护率达 49.03％。积极推进长江和黄河上中游、西南岩溶区、东北黑土区等重点区域水土流失治理，全国水土流失治理面积达 125.8 万平方公里，其中"十二五"期间完成水土流失综合治理面积 26.15 万平方公里。全国完成沙化土地治理面积 1000 万公顷，土地沙化趋势整体得到初步遏制。"十二五"期间，累计治理"三化"（退化、沙化、盐碱化）草原 4720.5 万公顷。

下一步，我国将推进大规模国土绿化行动，增加生态资源总量，持续加大以林草植被为主体的生态系统修复，以大工程带动国土绿化，有效拓展生态空间。将深入推进退耕还林还草工程、"三北"等防护林体系工程建设、加快国家储备林建设、持续推进防治荒漠化工程、着力强化草原保护与修复工程、开展乡村绿化行动，稳步推进城市绿化。多途径、多方式增加绿色资源总量，着力解决国土绿化发展不平衡不充分问题。同时，将强化森林、草原经营管理，通过切实提高造林种草质量，精准提升林草资源质量，以及加强退化林修复，精准提升生态资源质量。

在对生态退化地区实施生态修复的过程中，需要因地制宜，依据不同的修复目标科学制定修复措施。如植树造林是生态修复治理工程的重要途径，但是要避免以工程化的植树造林来开展生态修复，树种选择不当、忽略气候水文条件对树木生长发育的影响或者管理不善都会影响修复效果。再如，对水土流失严重区域，不应强求种植树木，而应顺应自然规律，走生态系统演替道路，从裸地—草地—灌丛—乔木的自然演替道路出发，从种草开始逐步增加植被。所以，在生态退化地区生态修复，需要用科学的修复技术手段，将山水林田湖草按照生态系统耦合原理联通起来，分阶段、有序实施综合治理与生态修复，最终实现生态系统功能的整体提升。

同时，生态退化是一个逐渐累积而形成的问题，解决生态退化问题也不是一朝一夕、短期即可见效的，需要时间与耐心。即使通过人工修复，通常也至少需要三五年的系统稳定时间，这是与生态系统发展的自然周期和规律相适应的。实施生态修复治理工程，要避免简单地把自然的东西从一个地方转移到另一个地方，以求立竿见影的生态修复效果。近些年，许多城市尤其是经济发达城市，为了恢复城市生态，建设郊野公园，不惜花重金移植数以万计的大树、古树、外来树种，甚至珍稀树木。这种做法不仅不是生态修复，还是对现有生态系统的破坏，甚至会导致外来物种入侵而危及当地生态安全。

[案 例]

库布齐治沙成为世界典型

20 世纪 90 年代之前，别说治理沙漠，就连进入库布齐都是一件困难的事。提起库布齐，人们的印象就是能将门板吹出数里的飓风和一夜之间堵住家门的沙丘。

而今，在库布齐沙漠，只需 10 秒就能种下一棵树，而且成活率超过 90%。这短短 10 秒的背后，是库布齐经过了几十年时间探索出的一条"党委和政府政策性主导、企业产业化投资、农牧民市场化参与、科技持续

20世纪90年代的库布齐沙漠　　　　　　　　（新华社记者　张领／摄）

化创新"四轮驱动的库布齐沙漠治理模式。

治理面积达6000多平方公里，绿化面积达3200多平方公里……这是库布齐沙漠的沙漠治理成绩单。经过多年艰苦治理，库布齐1/3的沙漠得到治理，生态环境明显改善，生态资源逐步恢复，沙区经济不断发展，实现了由"沙逼人退"到"绿进沙退"的历史性转变。

库布齐沙漠生态治理区被联合国环境规划署确立为"全球沙漠生态经济示范区"，并将其作为全球首个荒漠化地区生态系统的研究对象，探索生态脆弱地区生态保护建设与区域经济发展有机融合的模式。2017年，《联合国防治荒漠化公约》第十三次缔约方大会上，库布齐作为中国防沙治沙的成功实践被写入190多个国家代表共同起草的联合国宣言，成为全球防治荒漠化的典范。

2018 年的库布齐沙漠 (新华社记者 邢广利 / 摄)

库布齐沙漠治理模式不仅在全国各大沙区成功落地，而且已经成功走入沙特、蒙古国等"一带一路"沿线国家和地区，与全世界荒漠化地区分享成功模式，为国际社会治理生态环境提供了中国经验。

[案 例]

"地球卫士奖"——塞罕坝，中国的骄傲！

2017 年 12 月 5 日，在肯尼亚内罗毕举行的第三届联合国环境大会上，联合国环境规划署宣布，中国塞罕坝林场建设者荣获 2017 年联合国环保最高荣誉——"地球卫士奖"。

　　1681 年，辽、金时代的帝王狩猎地"千里松林"，被清康熙皇帝设立为皇家猎苑"木兰围场"。这里距京城 400 多公里，林木茂密、水草丰美，野兽出没。今天的河北省塞罕坝机械林场就建在这里。清同治二年（1863 年），清王朝国力虚弱，"木兰围场"开始了第一次大规模伐木、垦荒，以补国库空虚。自此到 1916 年的 53 年间，130 多万亩林地被开垦。清朝亡，原始森林、草场、河流也因过度开垦而退化成荒原沙地。数百里外的京城失去了天然屏障，内蒙古高原的风沙毫无遮挡地南侵，沙尘笼罩成为北京冬春季常见的景象。

塞罕坝"功勋树"　　　　　　　　　　　　　　（新华社发）

　　1961年，当时的国家林业部派员赴塞罕坝勘探，规划建设人造森林。1962年2月，"中华人民共和国林业部承德塞罕坝机械林场"正式成立。这标志着人工造林工程的开启，也是塞罕坝人与大自然共生故事的开端。

　　塞罕坝林场用自己的声音喊出了"艰苦奋斗、勤俭建场、科学求实、无私奉献"的林场人精神，他们在低温达到零下40多度、无霜期仅有60多天的高原坝上，用小小的植苗锹在荒芜的沙土地上一锹锹地培植着希望，没有足够的粮食可吃、没有温暖的衣服可穿，他们用一种精神和信仰"先治坡、后治窝，先生产、后生活"。如今，这里绿树遍植、花开草长，建成了世界上

工人在塞罕坝机械林场内运输苗木　　　　　（新华社发）

如今的塞罕坝绿林如海　　　　　　　　　（新华社发　陈晓东／摄）

成方连片的面积最大的人工林场，茫茫荒漠成了郁郁葱葱的林海，成为首都和华北地区的水源卫士、风沙屏障，这丛绿成了绿色发展的范例。

习近平总书记强调："必须树立尊重自然、顺应自然、保护自然的生态文明理念，把生态文明建设放在突出地位"，"努力建设美丽中国，实现中华民族永续发展"。这意味着，将人与自然当作目的而非手段，才能达成人与自然的和谐共生，永续发展。五十多年来，一抹绿让塞罕坝人找到了希望；党的十八大之后，塞罕坝更新绿色发展的理念，科学、准确地评价森林资源和湿地的经济、生态和社会价值，更好地践行了生态文明建设。

∽ 本章小结 ∼

　　加大生态保护与修复工作力度，需要深刻把握山水林田湖草是生命共同体的系统思想，坚持保护优先、自然恢复为主的基本方针，在构建科学合理国土生态安全格局的基础上，划定并严守生态保护红线，建立完善的自然保护地体系，保护生物多样性，对生态退化地区开展生态修复，保障自然生态空间对经济社会发展的承载能力和环境容量，确保国家和区域生态安全，为人民群众提供更多优质生态产品。

【思考题】

　　1.怎样看待欠发达地区经济发展与生态保护之间的关系？

　　2.如何理解生态空间与生态保护红线的关系？怎样开展生态空间分级管控并推动生态保护红线真正落地？

　　3.国家公园是国家设立并主导管理的，国家公园内土地权属问题该如何解决？请提出自己的见解。

　　4.如何结合当地实际情况开展生物多样性保护、提升生态环境质量？

　　5.结合地方实际，思考如何围绕山水林田湖草生命共同体理念推进本地区生态保护与修复工作？

第五章

改革生态环境监管体制

改革生态环境监管体制，完善生态文明制度，是全面深化改革的重要组成部分，是建设美丽中国的坚强保障。党的十八大以来，习近平总书记多次强调，要深化生态文明体制改革，尽快把生态文明制度的"四梁八柱"建立起来，把生态文明建设纳入制度化、法治化轨道。由此，生态文明体制机制改革进入"快车道"，制度出台之密、措施力度之大、推进成效之好前所未有。当前和今后一个时期，要以推进生态环境治理体系与治理能力现代化为目标，以落实党委和政府及其有关部门、企事业排污单位的生态环保责任为主线，突出最严格的法治和更有效的市场机制，建立健全全民行动体系，加快推进生态环境管理制度改革，打出前后呼应、相互配合的改革"组合拳"，不断完善符合国情、管用见效的生态环境监管体制。

第一节 推进生态环境治理体系和
治理能力现代化

党的十八届三中全会提出，全面深化改革的总目标是完善和发展中国特色社会主义制度，推进国家治理体系和治理能力现代化。国家治理体系和治理能力是一个国家制度和制度执行能力的集中体现。国家治理体系是在党领导下管理国家的制度体系，包括体制机制、法律法规安排，也就是一整套紧密相连、相互协调的国家制度；国家治理能力则是运用国家制度管理社会各方面事务的能力。生态环境领域的国家治理体系和治理能力长期以来是国家治理领域的突出短板，在政府、市场、社会等主体方面都亟待加强，这需要全面深化改革，聚焦和落实于生态环境保护制度的创新与完善。

一、坚持把问题导向和目标导向作为改革的出发点和落脚点

问题导向和目标导向是以习近平同志为核心的党中央治国理政的重要思想方法和工作方法，也是生态环境监管体制改革的基本遵循。不解决问题的改革是假改革，没有目标的改革是瞎改革。无论是过去，还是现在和将来，生态环境监管体制改革都要牢牢把握问题导向和目标导向。

我国生态环境保护中存在的突出问题大多同体制不健全、制度不严格、法治不严密、执行不到位、惩处不得力有关，所有改

革就是奔着解决这些问题而去的。《中共中央关于制定国民经济和社会发展第十三个五年规划的建议》中指出，现行以块为主的地方环保管理体制存在"四个突出问题"，即"难以落实对地方政府及其相关部门的监督责任"，"难以解决地方保护主义对环境监测监察执法的干预"，"难以适应统筹解决跨区域、跨流域环境问题的新要求"，"难以规范和加强地方环保机构队伍建设"。中央确定的省以下生态环境机构监测监察执法垂直管理制度改革的着力点，就是从制度层面上切实解决好"四个突出问题"，即落实并强化地方党委和政府及其相关部门的生态环境保护责任，开展权威有效的生态环境监察，加强责任追究等措施，切实解决"难以落实对地方政府及其相关部门的监督责任"问题；通过省级上收并统一行使生态环境质量监测和环境监察职能，市（地）统一管理环境执法队伍，实行以条为主的市局领导干部双重管理等措施，切实解决"难以解决地方保护主义对环境监测监察执法的干预"问题；通过显著增强省市（地）两级对环境问题统筹调控能力、探索设置跨流域跨地区环保机构等措施，切实解决"难以适应统筹解决跨区域、跨流域环境问题的新要求"问题；通过统筹解决环保机构和人员身份编制、规范设置环保机构、提高环保队伍专业化水平等措施，切实解决"难以规范和加强地方环保机构队伍建设"问题。针对我国资源过度开发、保护积极性不足等问题，中央提出建立完善自然资源资产产权制度、资源有偿使用制度，体现所有者、使用者的权利和分工，激励相关企业和个人节约和保护自然资源。

[案 例]

河北实现乡镇街道环保所全覆盖

乡镇是生态环境监管的最前沿，以前乡镇对生态环境违法行为是"看得见，管不了"，只能通报县里，等县里执法人员到了现场，违法行为可能已经不存在了。河北省进一步深化生态环境管理体制改革，截至2018年7月底，河北省191个县（市、区）的2293个乡（镇、街道）均已完成环保所挂牌，成为全国首个实现乡（镇、街道）环保所全覆盖的省份，不仅充实了基层生态环境监管机构和队伍，还提升了农村环境治理水平，消除了监管的盲区盲点。

河北文安开展环保宣传月活动　　　　　　（新华社记者　李晓果／摄）

除了配合县级生态环境部门开展执法以外，环保所还负责辖区大气、水、土壤及其他环境污染防治工作，自然生态保护工作，生态环境保护有关协调工作，村（社区）网格化生态环境监管体系建设工作，受理涉及生态环境保护的信访工作等。

在管理上，目前，河北省绝大部分乡镇环保所属于乡镇政府的职能部门，日常工作由乡镇政府统一管理，接受县级环保部门的业务指导。

当前，我国生态环境管理的核心目标是改善生态环境质量，体制改革必须在改善生态环境上发力。这就必须坚持目标导向，倒推制度安排、资源配置、政策实施，实现环境管理转型。如，为将国家改善生态环境的目标和任务落到实处，设计了全国生态环境监测网络建设方案、上收环境监测事权、深化监测改革提高监测数据质量、加强考核问责、开展资源环境承载力监测预警等一系列制度安排，保证考核目标的数据真实性不受地方干扰，并将责任压力有效传导下去，为生态环境质量变得更好奠定了"真、准、全"的数据基础。又如，中共中央办公厅、国务院办公厅印发《生态文明建设目标评价考核办法》，规范了生态文明建设目标评价考核工作，把中央关于"不简单以 GDP 论英雄"的要求落到了实处，突出"以生态文明建设论英雄"，树立了政绩考核的新导向，将环境改善情况与干部考核挂钩。

二、坚持顶层设计与基层实践相结合来谋划和推动改革

生态环境监管体制改革不能"脚踩西瓜皮，滑到哪儿算哪儿"。要通过顶层设计，精准研判形势，建立起指导性强、务实前瞻的改革总体框架和路线图。同时，也要尊重基层群众的首创精神，把地方一些行之有效的做法总结上升为国家制度。

制度是管长远的，顶层设计必须落实到制度安排上。2015 年 7 月，习近平总书记主持召开中央全面深化改革领导小组第十四次会议，审议通过一系列生态文明体制改革方案，构建了生态文明体制改革的"四梁八柱"。2015 年 9 月，中共中央国务院印发的《生态文明体制改革总体方案》，提出生态文明体制改革总体目标，即到 2020 年，要构建起由八项制度构成的产权清晰、多元参与、激励约束并重、系统完整的生态文明制度体系。这些都充分体现了中央在生态文明体制改革上注重顶层设计的智慧和谋略。

改革开放以来，许多方面的探索都经历了从地方实践放大到全国推行的过程，这是中国改革成功的宝贵经验。比如，中央开展按流域设置环境监管和行政执法机构试点、跨地区设置环保机构试点，并进一步在全国主要流域推行按流域设置生态环境监管机构，就是为促进生态环境保护的科学化管理，在总结地方经验基础上从国家层面作出的长效制度安排。再如，基于浙江安吉和广东珠三角生态环境保护规划等大量的生态空间管控实践，生态保护红线逐步上升到国家制度层面。此外，江苏省无锡市在太湖治污中首创河（湖）长制，将地方党委和政府的生态环保责任分解到具体管理单元、落实到具体责任人，中央也是先总结固化相关地方经验，再向全国推行。

顶层设计如何落地生根？必须把自下而上和自上而下结合起来，"从群众中来，到群众中去"。对一些看不准的政策要大胆开展试点，摸索经验，这也是抓改革的一个基本方法。近年来，国家很多生态文明体制改革的重大制度，都是坚持先在若干个省开展试点，逐步总结经验，最后形成全国统一的制度设计并推广，如生态环境损害赔偿制度、生态环境机构监测监察执法垂直管理制度等。

三、坚持把对责任主体的明责、履责、追责作为改革内容的主线

生态文明建设任重道远，责任重于泰山。要坚决落实习近平总书记重要讲话精神，严格用制度管权治吏，护蓝增绿，有权必有责、有责必担当、失责必追究，保证党中央关于生态文明建设决策部署落地生根见效。生态环境监管体制改革始终围绕明责、履责、追责的主线进行，方能保证制度得到真正落实。

党的十八大以来，中央审议实施了几十项生态文明和生态环境保护方面的制度改革，大都是紧扣落实责任的主线。一是落实地方党委和政府及相关部门生态环保责任，上收生态环境质量监测事权，建立生态环境保护督察监察专员制度，开展中央和省级生态环保督察，加强对生态环保履责情况的监督检查，实行党政同责、一岗双责、依法追责、终身追责，推动绿色发展。二是落实排污单位责任，加强基层执法力量，污染源监督性监测和监管重心下移并实现测管协同，整合执法主体，相对集中执法权，强化环境司法、排污许可、损害赔偿、社会监督，严格环境执法。这两条主线实际上已经构成了习近平生态文明思想严密法治观的逻辑主线。

在明责方面，全国各省（区、市）已全部制定生态环境保护责任规定或职责分工的文件，明确了地方党委和政府及其有关部门的生态环境保护责任，即党委、政府对本地区生态环境保护工作负总责，实施"党政同责""一岗双责"，并将责任明确到了组织、宣传、编制、纪检监察等党委工作机构以及国家发展和改革委员会、工业和信息化部、自然资源部、生态环境部、住房和城乡建设部、水利部、农业农村部、国家林业和草原局等政府部门。

在履责方面，借鉴中央巡视工作的经验，为促进地方党委和政府以及相关部门切实履行生态环保职责，中央出台了生态环境保护督察方案，实施了中央生态环境保护督察"全覆盖"和"回头看"，有力推动了环保法律法规的落实和各地各部门履行责任。督察制度建得好、用得好、敢于较真碰硬，成为落实责任的利器。中央生态环境保护督察制度实现了从"查企业为主"向"查督并举，以督政为主"的转变，夯实了地方党委和政府的生态环境保护责任。生态环境部门还创新实施了重点区域的大气污染防治强化监督和巡查，实行一竿子到底、直面问题的检查方式，有效克服了传统管理体制不易发现问题、检查流于形式的弊端。

在追责方面，习近平总书记明确要求落实领导干部生态文明建设责任制，严格考核问责。对那些不顾生态环境盲目决策、造成严重后果的人，必须追究其责任，而且应该终身追责，决不能让制度规定成为没有牙齿的老虎。为此，中共中央办公厅、国务院办公厅印发了《党政领导干部生态环境损害责任追究办法（试行）》等重要文件，明确对领导干部在生态文明建设和生态环保工作中被追责的情形、程序等。依据这些文件，针对近年来各地出现的突出生态环境问题和生态环境违法事件，处理了一大批履职不力、负有责任的领导干部，有效地维护了环境法律的权威，生态环保成为不能碰的高压线。另外，中央及地方采取"组合拳"的方式对排污者进行责任追究，环境执法"长出了牙齿"，打出了《环境保护法》的权威。

四、坚持全链条构建制度，注重改革的系统性、完整性

坚持从系统工程和全局角度寻求新的治理之道，生态环境体制改革实现了统筹兼顾、全链条构建，实施源头（事前）、过程（事中）、结果（事后）的全过程监管，充分体现了改革的系统性和完整性。

生态文明制度强调系统完整，覆盖从源头严防到过程严管、再到后果严惩全过程，以改革环境治理基础制度为动力，推动生态环境治理体系和治理能力现代化，矫治长期以来发展强保护弱、一拨人搞发展另外一拨人搞保护的不正确理念、认识、行为方式、组织机制、制度体系等，系统重构生态环保基础制度。比如《生态文明体制改革总体方案》中，源头严防包括自然资源资产产权制度、国家自然资源资产管理体制、自然资源监管体制、主体功能区制度、空间规划体系、用途管制和国家公园体制等；过程严管包括资源有偿使用制度、生态补偿制度、资源环境承载能力监测预警机制、控制污染物排放许可制、企事业单位污染物排放总量控制制度等；后果严惩包括生态环境损害责任终身追究制、生态环境损害赔偿制度、自然资源资产离任审计制度等。

长期以来，部门配置、机构职能划分与生态系统完整性理论不尽相符，没有形成山水林田湖草的生态系统管理方式，特别是监管者和所有者没有很好地区分开来，既当运动员又当裁判员，监管者

的权威性和有效性不强，生态环境等公共利益没有得到很好的保障。在 2018 年党和国家机构改革中，强调整合分散的生态环境保护职责，明确了所有者和监管者的不同职责定位，强化生态保护修复和污染防治统一监管，建立健全生态环境保护领导和管理体制、激励约束并举的制度体系、政府企业公众共治体系。

国家生态环境部门的设置体现了系统性和完整性的思想。实现了"一个贯通"，即污染防治与生态保护的协调联动贯通，做到治污减排与生态增容两手并重、同向发力，统筹推动实现生态环境质量总体改善的目标。实现了"五个打通"：一是打通了地上和地下，主要表现为整合原国土资源部的监督防止地下水污染职责；二是打通了岸上和水里，主要表现为整合水利部的编制水功能区划、排污口设置管理、流域水环境保护以及原南水北调办重大工程项目区环境保护职责；三是打通了陆地和海洋，主要表现为整合原国家海洋局的海洋环境保护职责；四是打通了城市和农村，主要表现为整合原农业部的监督指导农业面源污染治理职责；五是打通了一氧化碳等大气污染物和二氧化碳等温室气体的管理，统一了大气污染防治和气候变化应对，主要表现为整合国家发展改革委的应对气候变化和减排职责。

在一系列生态环境制度改革中，还充分重视约束和激励并举的制度安排，对于环境守法者和环境保护做得好的地方和企业，给予物质奖励和政策激励，对于环境违法者和环境保护做得差的，给予惩戒和限制，把法治建设作为治理体系和治理能力现代化的根本保障，不断完善法律体系，坚持用最严格制度最严密法治保护生态环境，加强在环境监管、环境执法、环境司法过程中的刚性和力度，形成严密的环境保护网，将"最严格"的要求落实到实际中去，坚决解决违法成本低、守法成本高的问题，努力形成"不敢污染、不想污染、保护环境、人人有责"的社会风尚。各地实施了企业环境信用评价制度，让生态环境违法者处处受限。同时，国家和地方连续推出的转移支付、生态保护补偿等差别化奖补政策，让保护青山绿水的地方不吃亏。

[案 例]

福建率先在全国建成省级生态环境大数据云平台

新时期生态环境保护压力和挑战并存，部门间数据分散、信息破碎、应用条块、服务割裂等问题，给环境监管提出新课题。福建省依托省政府电子政务云平台和生态环境监测物联网"两支撑"，率先在全国建成省级生态环境大数据云平台（生态云平台），让海量数据跑起来、用起来，助力福建环境监管形成一盘棋、一本账，环境决策更高效更精准更智慧。

平台纵向向上打通国家部委、向下穿透至市县及相

福建生态云大数据平台示意图　　　　　（福建省环保厅供图）

关企业；横向整合汇聚四十余个信息化系统，其中包含工商、水利、公安、交通等 21 个部门 41 类数据以及物联网、互联网等数据，实现"横向到边、纵向到底"的数据集成汇聚共享。

平台对外开放 212 个对外服务接口，向政府部门、科研单位、企业公众定向推送，自主辨别用户"兴趣点"，定期智能推送信息，变"人找数据"为"数据找人"。同时，通过平台的智能分析，预测发展趋势，推动被动响应向主动预见转变。

在环境监测体系中，已接入 167 个大气环境质量监测点、87 个水环境质量监测点、21 个核电厂周边监测点、998 个污染源在线监测点等，实现了对水、大气、土壤、核与辐射环境的统一动态监控，完善了"一企一档"，对污染源进行全过程监管。

此外，群众可以打开手机，随时随地掌握环境质量信息，还能对环境问题"一键投诉"。

第二节　落实党委和政府及其有关部门责任

1979 年颁布的《环境保护法（试行）》明确，地方各级人民政府要切实做好环境保护工作。1989 年颁布的《环境保护法》在第三章中明确，地方各级人民政府应当对本辖区的环境质量负责。2014 年新修订的《环境保护法》将地方环境质量负责制提前到总则中予以明确。2015 年出台的《党政领导干部生态环境损害责任追究办法（试行）》第三条规定，地方各级党委和政府对本地区生态环境和资源保护负总责，党委和政府主要领导成员承担主要责任，其他有关领导成员在职责范围内承担相应责任。《中共中央国务院关于全面加强生态环境保护　坚决打好污染防治攻坚战的意见》进一步提出，地方党委政府对本行政区域的生态环境工作及生态环境质量负总责。从相关规定演变就可以看出，党和国家对生态环境保护责任的要求越来越明确，地方党委政府及其有关部门的生态环境保护责任在不断加严变实。切实扛起生态环境保护责任，这是推进生态文明、建设美丽中国的制胜法宝。

一、明确地方各级党委政府及其有关部门责任

习近平总书记在全国生态环境保护大会上强调，"打好污染防治攻坚战时间紧、任务重、难度大，是一场大仗、硬仗、苦仗，必须加强党的领导"，"地方各级党委和政府主要领导是本行政区域生态环境保护第一责任人，对本行政区的生态环境质量负总责。各相关部门要履行好生态环境保护职责，谁的孩子谁抱，管发展的、管生产的、管行业的部门必须按一岗双责的要求抓好工作"。

长期以来，生态环境保护领域存在职责不清、界限不明以及上下游左右岸难协调等问题，没有相关的责任清单，导致出了问题无人担责、无法追责。近年来，随着生态环境机构监测监察执法垂直管理制度改革、中央生态环保督察的深入，各地高度重视生态环境保护责任规定或清单的编制工作。下一步，将推动出台中央和国家机关相关部门生态环境保护责任清单，使各部门守土

有责、守土尽责，分工协作、共同发力。但不少地方责任清单不够细化具体，特别是机动车污染防治、散煤治理、畜禽养殖污染防治、农业污染防治、自然生态保护等一些领域有"扯皮"现象。要紧紧扭住责任清单这个"牛鼻子"，按照"管发展必须管环保、管生产必须管环保、管行业必须管环保"的要求，出台各级部门责任清单，形成分工清晰、环环相扣的"责任链"，把压力层层传导下去，构建齐抓共管、各负其责的大环保格局。除了责任清单以外，国家和地方各级政府签订了目标责任书，对各地环保工作涉及的水体、大气环境质量目标作出了强制性要求，限期必须达到，实际上这也是明责的一种表现。

[延伸阅读]

按流域设置环境监管和行政执法机构

2015 年，《生态文明体制改革总体方案》提出开展按流域设置环境监管和行政执法机构试点。中央办公厅、国务院办公厅于 2017 年印发《按流域设置环境监管和行政执法机构试点方案》，选择赤水河流域开展跨省试点，选择赣江、南四湖、东平湖、九龙江流域开展省内试点。2018 年，中央明确将水利部长江、黄河、淮河、海河、珠江、松辽、太湖流域七个水资源保护局划入生态环境部，设置相应的流域生态环境监督管理局，作为生态环境部设在七大流域的派出机构，主要负责流域生态环境监管和行政执法相关工作。

通过按流域设置环境监管和行政执法机构，调整现行以行政区域为主的环境监管和行政执法体制，将流域作为管理单元，统筹上下游左右岸，理顺权责，落实责任，优化流域环境监管和行政执法职能配置，增强流域环境监管和行政执法合力，实现流域环境保护统一规划、统一标准、统一环评、统一监测、统一执法，构建流域统筹、区域履责、协同推进的新格局。

二、加强对责任落实情况的监督检查

责任不能挂在嘴上，责任书不能锁在抽屉里。责任就是庄严的承诺。要采用多种监督检查的方式，推动地方党委政府及其有关部门落实生态环境保护责任。

一是建立健全生态环境保护督察制度。中央生态环境保护督察以解决突出生态环境问题、改善生态环境质量、推动高质量发展为重点，以夯实生态文明建设和生态环境保护政治责任为目标，包括例行督察、专项督察和"回头看"等，实地检查地方党委和部门落实中央生态环境保护的大政方针情况，检查生态环境保护党政同责、一岗双责推进落实情况，突出生态环境问题及其处理情况。各省（区、市）也相应地建立生态环境保护督察制度，成为中央生态环境保护督察的延伸和补充，采取例行督察、专项督察、派驻监察等方式开展工作，推进责任落实、制度落地。

[延伸阅读]

中央生态环境保护督察大数据

从 2015 年至 2017 年的三年间，我国已完成对 31 个省（区、市）的中央生态环保督察全覆盖，解决了一大批生态环境问题，问责党政领导干部超过 1.8 万人。第一轮中央生态环保督察共受理群众信访举报 13.5 万余件，累计立案处罚 2.9 万家，罚款约 14.3 亿元；立案侦查 1518 件，拘留 1527 人；约谈党政领导干部 18448 人，问责 18199 人。中央生态环保督察直接推动解决 8 万余个群众身边环境问题，涉及垃圾、恶臭、油烟、噪声、黑臭水体、"散乱污"企业污染等。同时，地方借势借力，还推动解决了一批多年来想解决而没有解决的环保"老大难"问题，纳入整改方案的 1532 项突出环境问题近半已得到解决。

二是实行生态环境状况报告制度，加大人大执法检查力度，对政府生态环保工作实施监督。县级以上人民政府应当每年向本级人民代表大会或者人民代表大会常务委员会报告生态环境状况和生态环境保护目标完成情况，对发生的重大环境事件应当及时向本级人民代表大会常务委员会报告。2017 年，浙江省率先出台《关于全面建立生态环境状况报告制度的意见》，全面推行省市县乡四级生态环境状况报告制度，不断完善生态环境状况报告制度。各级人大常委会通过执行生态环境状况报告制度，对所在行政地区的环境质量状况与环保目标任务完成情况进行监督，督促地方政府落实生态环境责任。同时，各级人大开展环境资源领域法律执法情况的检查工作。据统计，十二届全国人大常委会完成检查《环境保护法》《固体废物污染环境防治法》等六部法律实施情况，执法检查的重点就是各级政府及相关部门环保法定责任的落实情况。

三是实施自然资源资产离任审计等制度。对地方各级党委、政府主要领导干部在任期间资源环境保护进行审计，算总账，重点针对被审计领导干部任职期间履行自然资源资产管理和生态环境保护责任情况。包括：自然资源资产管理和环境保护约束性指标、生态红线考核指标、目标责任制完成情况；自然资源资产管理和生态环境保护法律法规、政策措施执行情况；自然资源资产开发利用保护情况；自然资源资产开发利用和生态环境保护资金的征收、管理和分配使用情况，相关重大项目建设运营情况；环境保护预警机制建立和执行情况，以及任职期间重大生态环境污染事件处理情况。审计报告将送交干部管理部门，审计的结果为干部的使用、任免和奖惩提供重要依据。

[案 例]

广东在茅洲河、练江流域建立省、市、区（市）、镇（街）四级人大联动监督机制

2018年10月22日，广东省人大常委会在东莞、汕头分别召开省、市、区（市）、镇（街）四级人大联动监督茅洲河、练江流域污染治理动员会，宣布省、市、区（市）、镇（街）四级人大联动监督机制正式建立。

茅洲河、练江流域在广东被列为污染最重的河流，受到社会广泛关注，也是近年中央生态环保督察关注的问题。根据省人大环资委制定的《关于在茅洲河、练江流域建立省、市、区（市）、镇（街）四级人大联动监督机制的工作方案》，四级人大联动监督，即在各级人大日常监督的基础上，每季度由省人大常委会牵头，四级人大及其常委会联合集中开展一次监督。

集中监督坚持问题导向，建立治污问题台账，将河流污染状况、设施建设情况、资金投入情况、责任落实情况、工作进展情况等记录在案，逐季度对账监督，推动问题解决，保障治理进度。

三、严肃履责情况的考核问责

对不重视生态环保工作的，教育千遍不如问责一次。既要考得准，还要奖罚分明，这样才能推动履职尽责。

一是为确保作为考核基础的监测数据真实性，上收生态环境质量监测事权，实行"谁考核、谁监测"。以前在"考核谁、谁监测"的模式下，地方政府既是运动员，又是裁判员。在考核压力下，地方政府很可能采取行政干预的手段，影响环境监测数据的准确性。为规范生态环境监测，国家加快环境空气、地表水、土壤、近岸海域等环境质量监测事权上收，全面建成国家生态环境质量监测网，所有站点原始监测数据第一时间直传中国环境监测总站。各省（区、市）上收了对市县生态环境质量监测评估考核的事权和机构人员，从机制体制上保障用于评价考核的生态环境监测数据免受行政干预。

二是科学合理地设计生态环保考核指标，成为引导党政干部履责的"指挥棒"。为解决以往生态环境绩效考核分值比重低、考核结果对各级党政领导干部奖惩和提拔使用影响力不足等问题，将生态指标、群众满意度纳入领导干部考核评价体系，把"不简单以GDP论英雄"的要求落到了实处，突出"以生态文明建设论英雄"。生态文明建设目标评价考核采取年度评价和五年考核相结合的方式，既监测评价每年的绿色发展进展成效，也综合考核生态文明建设阶段效果，评价考核的结果作为各省（区、市）党政领导班子和领导干部综合考核评价、干部奖惩任免的重要依据，体现"奖惩并举"。

[案　例]

生态环境保护考核不合格被"暂缓任职"

贵州省织金县一常务副县长经过组织考察，拟重用，任职为县委副书记。

但是在前期程序结束进入考察公示期间，毕节地区"考核办"了解到，这位同志任常务副县长期间所分管的县污水处理厂建设严重滞后，已超过预定运行时间而未能正常运转，贵州省环境保护厅向毕节地区发出"污水处理厂运行预警通报"，并对织金县新增化学需氧量排放建设项目环境影响评价文件实行"区域限批"。

毕节地区"考核办"成立联合督察组，核实清楚有关情况后，向毕节地委提出"若不能按要求完成污水处理工程并通过贵州省环保厅验收、解除限批，将对分管副县长进行另行安排工作或进行责任追究"的处理建议。

毕节地委因此作出"暂缓任职"的决定。

三是实行责任终身追究。以往，因短期政绩需要，少数领导干部为任一方，要"金山"不要"青山"，违背生态环保要求决策，导致生态环境问题多发。有些问题的潜伏期隐蔽而漫长，在领导干部离任多年后才可能显现。对此，严格责任追究，对造成生态环境损害负有责任的领导干部，不论是否已调离、提拔或者退休，都必须严肃追责，扭转了依靠牺牲生态环境换取短期政绩、捞到升迁资本就拍拍屁股走人的短视政绩观，给领导干部上了一道生态文明"紧箍咒"。

四是强化督察问责。对考核或督察发现的生态环保任务完成不力、重大生态环境问题及其失职失责情况，应当形成生态环境损害责任追究问题清单和案卷，按有关权限、程序和要求移交纪委监委、组织部或被督察对象。对不履行或不正确履行职责而造成生态环境损害的地方和单位党政领导干部，要依纪依法严肃、精准、有效问责，追责结果与党政领导干部的政治前途挂钩。

[案　例]

祁连山国家级自然保护区生态环境问题问责 100 人

2016 年 11 月 30 日至 12 月 30 日，中央第七环境保护督察组对甘肃省开展了环境保护督察工作。2017 年 4 月 13 日，中央生态环保督察组向甘肃省反馈了督察意见，并将督察发现的 11 个生态环境损害责任追究问题线索移交甘肃省，要求依纪依法进行调查处理。

按照中央纪委决定和甘肃省委、省政府批准，共对 218 名领导干部进行了问责处理，其中，祁连山国家级自然保护区生态环境问题问责 100 人，包括省部级干部 3 人，厅级干部 21 人，处级干部 44 人，科级及以下干部 32 人，给予党纪处分 39 人，政纪处分 31 人，诚勉谈话 16 人，组织处理 2 人，移送司法机关 2 人，其他处理形式 10 人；其他问题线索问责 118 人，包括厅级干部 12 人，处级干部 60 人，科级及以下干部 46 人，给予党纪处分 65 人，政纪处分 27 人，诚勉谈话 24 人，组织处理 1 人，因涉嫌严重违纪接受组织审查 1 人。

第三节 落实排污者生态环境责任

造成环境污染的企业，必须承担起污染治理的主体责任。要紧紧抓住企业环境责任不放松，通过环境司法、经济激励、信息公开等多种手段，促进企业守法。

一、强化企业主体责任

企事业单位和其他生产经营者的生态环境保护责任可分为三类：

一是做好源头预防的责任，即防止、减少环境污染和生态破坏。主要包括实施清洁生产、综合高效利用资源能源，依法进行建设项目环境影响评价，防治污染设施与主体工程同时设计、同时施工、同时投产使用。

二是接受过程监管的责任，遵守生态环境监督管理制度，主要包括污染物排放符合国家和地方标准；固定污染源应当按照排污许可证的要求排放污染物；制定突发环境事件应急预案；重点排污单位安装使用监测设备，向社会公开主要污染物排放情况以及防治污染设施的建设和运行情况；配合环境保护检查。当前，企业全面公开排污信息是企业履行责任的重要体现。要严格执行重点排污企业环境信息强制公开制度，及时公布自行监测和污染排放数据、污染治理措施、重污染天气应对、环保违法处罚及整改等信息。工业污染源全面开展自行监测和信息公开。企业要建立环境管理台账制度，开展自行监测，如实申报。机动车和非道路移动机械生产、进口企业应依法向社会公开排放检验、污染控制技术等环保信息。建立企业和金融机构环境信息公开披露制度。

　　三是承担损害环境后果应负的责任，主要包括缴纳环境保护税；因污染环境和破坏生态造成损害的，依法承担侵权和赔偿责任；构成犯罪的，依法承担刑事责任，并进行生态保护和修复。

　　长期以来，政府与企业是"猫捉老鼠"的关系，企业主动守法意识差，被动接受处罚，使生态环境执法成本高、难度大。目前，按照《国务院办公厅关于印发控制污染物排放许可制实施方案的通知》精神，生态环境主管部门正在制定和推行排污许可管理制度，旨在通过"一证式"综合管理、全过程管理和精细化管理，明确排污单位的责任、每一个污染源的排放要求和环境管理要求，推动企事业单位从"要我守法"向"我要守法"转变，企业按证排污、自我承诺、自行监测、台账记录和定期报告，生态环境部门依证监管、搭建公众监督平台、严格事后监管、依法处罚。

[知识链接]

排污许可制

　　着眼于落实企业污染治理主体责任，中央明确提出，要改革环境治理基础制度，建立和完善覆盖所有固定污染源的企事业单位控制污染物排放许可制。2016年，国务院办公厅印发了《控制污染物排放许可制实施方案》，对完善控制污染物排放许可制度、实施企事业单位排污许可证管理作出总体部署和系统安排，2020年将排污许可制度建设成为固定源环境管理核心制度。

通过排污许可落实企业主体责任：一是企业环境行为"一证式"管理，排污许可证是每个排污单位必须持有的"身份证"，是企业生产运行期排污行为的唯一行政许可。

二是要求企业自觉履行环境责任。企业应当及时申领排污许可证，向社会公开申请内容，承诺按许可证规定排污并严格执行，同时加强自我监测、自我公开和定期报告，并自觉接受监督，排放情况与排污许可证要求不符的，及时向生态环境部门报告，推动企事业单位从"要我守法"向"我要守法"转变。

三是实施全过程管理和多污染物协同控制。控制污染物排放许可制真正成为固定源环境管理的核心制度，关键在于整合衔接固定源环境管理的相关制度：衔接环评制度，在时间节点、污染排放审批内容等方面相衔接，实现项目全周期监管要求统一；整合总量控制制度，实现排污许可与企事业单位总量控制一体化管理，将企事业单位总量控制上升为法定义务；以实际排放数据为纽带，衔接污染源监测、排污收费、环境统计等制度，从根本上解决多套数据的问题。

二、对企业违法实施严惩重罚

一些企业宁愿违法排污缴纳罚款，也不愿意进行环境污染治理，偷排、漏排以及超标排放等违法违规问题时有发生，直接导致一些地区生态环境质量恶化。坚决制止和惩处破坏生态环境行为，需要通过严惩重罚建立长效机制，加大生态环境违法犯罪的成本，形成不敢、不想破坏生态环境的制度环境。实施"严惩重罚"，应当做好以下工作。

第一，对普通生态环境违法行为，加大经济处罚额度，使违法成本高于守法成本。例如，对违法排污拒不改正的行为实行"按日计罚"，并逐步扩大适用于各种生态环境违法行为，对建设项目环境影响评价违法行为按照投资比例处罚。

第二，对一些故意违法或者危害较大的违法行为，经济处罚难以惩戒制止、尚未构成犯罪的，适用治安管理处罚，对其直接负责的主管人员和其他直接责任人员，移送公安机关处以拘留。如，对排放有毒有害物质的行为，拒不执行建设项目环境影响评价和排污许可、不正常运行防治污染设施、以逃避监管的方式违法排放污染物等故意违法行为。

第三，完善单位和责任人"双罚制"，使处罚精确针对责任主体。如对直接负责的主管人员和其他直接责任人员，依法处以罚款、行政拘留或者刑事追究。实施资质管理的单位严重违法的，可以吊销其资质。没有实行资质管理的单位违法的，也可以规定禁止其从事有关业务。

第四，建立跨部门联合惩戒机制。完善企业环境信用评价制度，探索与商业银行共享企业环境信用信息，对在生态环境保护领域存在严重失信行为的生产经营单位及其法定代表人、主要负责人和负有直接责任的有关人员开展联合惩戒。主要惩戒措施包括：限制或者禁止生产经营单位的市场准入、行政许可或者融资行为；停止执行生产经营单位享受的优惠政策，或者对其关于优惠政策的申请不予批准；在经营业绩考核、综合评价、评优表彰等工作中，对生产经营单位及相关负责人予以限制。

第五，对构成犯罪的生态环境违法行为，加大刑事打击力度。建立行政违法和刑事诉讼衔接机制，制定完善司法解释明确刑事追究标准，将犯罪行为从排放特定污染物扩大到一般污染物，扩大单位环境犯罪及罚金刑的适用，建立生态环境保护综合执法机关、公安机关、检察机关、审判机关信息共享、案情通报、案件移送制度。

[延伸阅读]

《环境保护法》实施以来的成效

新修订的《环境保护法》被称"史上最严"，通过实施按日连续处罚、行政拘留、单位和责任人"双罚制"等行政处罚，在打击违法行为方面力度空前。据统计，截至2017年，相比该法通过前的2013年，全国实施的行政处罚案件由6.6万件增至23.3万件，全国实施行政处罚案件罚没款数额由23.6亿元增至115.8亿元，翻了两番。2016年7月至2017年6月一年间，各级人民法院共受理环境资源刑事案件16373件，审结13895件，给予刑事处罚27384人。

年度	全国实施的行政处罚案件情况（万件）	全国实施行政处罚案件罚没款数额情况（亿元）
2013	6.6	23.6
2014	8.3	31.7
2015	9.7	42.5
2016	12.4	66.3
2017	23.3	115.8

三、企业要为其生态环境损害买单

过去，一个企业偷排污水，非法所得归企业，而水体损害的成本却由社会承担。建立生态环境损害赔偿制度，就是要求企业如未履行生态环境保护责任，造成了环境污染或者生态破坏的，要对造成生态环境损害的后果实行赔偿，要将环境恢复到环境未污染、生态未破坏之前的状态，这是企业生态环境责任的重要内容。

党的十八届三中全会明确提出对造成生态环境损害的责任者严格实行赔偿制度。2015年，中共中央办公厅、国务院办公厅印发《生态环境损害赔偿制度改革试点方案》，在吉林等七个省市部署开展改革试点。在总结各地区改革试点实践经验基础上，2017年8月29日，中央全面深化改革领导小组第三十八次会议审议通过了《生态环境损害赔偿制度改革方案》，规定自2018年1月1日起，因污染环境、破坏生态造成大气、地表水、地下水、土壤、森林等环境要素和植物、动物、微生物等生物要素的不利改变，以及上述要素构成的生态系统功能退化，特别是发生较大及以上突发环境事件的，在国家和省级主体功能区规划中划定的重点生态功能区、禁止开发区发生环境污染、生态破坏事件的，要依法追究生态环境损害赔偿责任，包括赔偿义务人应对受损的生态环境进行修复；生态环境损害无法修复的，实施货币赔偿，用于替代修复；赔偿义务人因同一生态环境损害行为需承担行政责任或刑事责任的，不影响其依法承担生态环境损害赔偿责任。

生态环境损害赔偿制度实施后，违法企业承担应有的赔偿责任，受损的生态环境能得到及时的修复，破解了"企业污染、群众受害、政府买单"的难题。推行生态环境损害赔偿制度，一要细化启动生态环境损害赔偿的具体情形，明确启动赔偿工作的标准；二要健全磋商机制，进一步明确生态环境损害赔偿范围、责任主体、索赔主体和损害赔偿解决途径等；三要形成相应的鉴定评估管理与技术体系、资金保障及运行机制；四要高度重视，部门协同，统筹推进，抓好落实。

[案　例]

污染环境付出高额赔偿

2010 年 4 月 20 日，英国石油公司（BP）租赁的海上石油钻井平台在美国墨西哥湾水域发生爆炸并沉没，导致美国历史上最严重的漏油事件。其后，BP 公司与美国濒临墨西哥湾的五个州达成 187 亿美元的和解协议，使得 BP 公司为漏油事件支出的相关费用总额达到 538 亿美元，超过了其三年的利润总和。

在我国也不乏高额环境损害赔偿的典型案例。例如，2014 年 5 月，安徽海德化工科技有限公司将 102.44 吨危废物废碱液直接倾倒入长江及新通扬运河，严重污染环境，造成靖江城区、兴化市自来水中断供水 50 多个小时，超过百万人的生活、生产受到很大影响。该公司被江苏省人民政府提起生态环境损害赔偿诉讼，被法院判决赔偿生态环境修复费等 5482.85 万元。

四、鼓励企业成为绿色先行者

目前，我国在企业环境守法方面大多是"负向约束"，如对违法排污企业罚款等，而"正向激励"即对遵守法律的企业给予相关的奖励较少。应当利用企业趋利属性，建立环境守法企业的激励机制。

一是实行环保"领跑者"制度。环保"领跑者"是指同类可比范围内，环境保护和治理环境污染取得最高成绩和最好效果的企业。环保"领跑者"制度就是在行业内树立环保标杆，通过表彰先进、资金奖励、管制放宽等，为环保"领跑者"创造更好的市场空间，引导全社会向"领跑者"学习和看齐，倡导绿色生产和绿色转型。

二是根据企业环保水平进行精细化管理，差别化对待。近年来，一些地方实行绿色调度，探索实施环境保护方面的"白名单"，环境绩效好的可以多发电、多生产，适当减少检查频次。在冬季错峰生产时，对行业污染排放绩效水平明显好于同行业其他企业的环保标杆企业，可不予限产或者少限产。

三是实施环境经济激励和惩罚并举的政策。例如，2017 年我国对钢铁行业实行更严格的差别电价和阶梯电价政策，钢铁行业淘汰类加价标准由每千瓦时 0.3 元提高至 0.5 元，运用价格手段可以迫使违规产能退出，依靠市场竞争来出清低效产能，阶梯电价政策效益突出。

[知识链接]

企业环境信用评价

环境信用评价，就是环保部门根据环境政策法规，全面评估企业的环境守法等表现，并向社会公开评估结果。注重环境保护社会责任的企业、消费者，可以根据评估结果进行"差别化"选择，更多使用环境信用好的企业的商品，从而引导企业提高环境绩效。

原环境保护部、国家发展和改革委员会、中国人民银行、中国银监会联合印发《企业环境信用评价办法（试行）》，原环境保护部、国家发展和改革委员会联合发布《关于加强企业环境信用体系建设的指导意见》，指导地方开展评价工作。根据《企业环境信用评价办法（试行）》，环保部门将一些重点排污单位，或者是排放有毒有害物质、位于环境敏感区等类型企业，纳入评价范围；根据评价指标，把企业分为四个等级，分别用不同的颜色做区分。

江苏、广东、湖南、四川等地结合地方实际，探索出了有特色的做法。以江苏为例，对绿色企业实行金融、价格等领域的优惠政策，但是对红色企业、黑色企业，则实行加征差别电价（比通常电价分别高 0.05 元到 0.1 元）、污水处理费等惩戒性措施。一个耗电量大的企业，可能因为环境表现不好，导致信用等级不佳，额外支付几百万元甚至上千万元的差别电价。

第四节　完善基于市场机制的生态环保政策

与政府行政命令政策相比，基于市场机制的政策是一种"内生激励"型政策，具有有效促进环保技术创新、增强市场竞争力、降低环境治理成本与行政监管成本等优点。要充分发挥市场机制作用，健全价格、财税、金融等经济政策，撬动更多社会资本进入生态环境保护领域，推进生态环境保护领域市场化进程。

一、建立稳定、常态化的投入机制

生态环境保护该花的钱必须花，该投的钱决不能省。2016—2017 年，全国财政"211 节能环保支出"科目累计超过 1 万亿元。

近五年，我国地方财政环保支出年均增长 13.1%，累计超过 2 万亿元。各地在环保领域的真金白银投入有所增强，但是地方环保财政资金投入仍然存在很多问题。一是地方财政支出仍未实现向环保领域倾斜。2011—2016 年各省节能环保支出占地方财政支出的比重平均为 2.77%，在 20 项地方财政支出科目中位列第 11，与污染防治攻坚需求不匹配。二是地方财政环保支出与财政支出增长速度不匹配。2012—2016 年，部分省份财政节能环保支出增速低于公共财政支出增速，2016 年将近 2/3 的省份财政环保支出是负增长。三是地方财政环保支出不稳定，尚未形成常态化增长趋势。

《中共中央国务院关于全面加强生态环境保护 坚决打好污染防治攻坚战的意见》明确提出，健全生态环境保护经济政策体系，资金投入向污染防治攻坚战倾斜，坚持投入同攻坚任务相匹配，加大财政投入力度，逐步建立常态化、稳定的财政资金投入机制。一是建立环保预算稳步增长机制。对资金投入使用情况加强考核。在整体增加财政投入规模的基础上，重点加大对水、大气、土壤等污染物防治和生态环境保护等方面的资金支持。二是健全财政转移支付制度，将生态环境因素纳入财政转移支付体系，并不断加大生态环境因素的权重。对环境质量不达标地区减少或停止一般性转移支付。三是强化资金统筹整合，重点保障生态环保。切实改变以往资金部门多头管理、使用分散的局面，集中财力优先保障重点污染治理项目实施。四是积极实施有利于环境保护的财政补贴政策，优化补贴结构，强化财政资金使用绩效。完善各项环境财税政策，通过财政贴息、以奖代补等政策提高财政资金的使用效率。对重要经济领域政策进行评估与清理，对不利于环境保护的补贴逐步清理。五是完善市场化运行机制，调动各方投入积极性。鼓励各类市场主体通过政府购买服务、PPP等方式，参与污水和垃圾治理、黑臭水体治理、农村环境整治等领域的建设和运营；培育本地环境治理和生态保护市场主体，通过市场化运作不断发展壮大。

二、创新生态保护补偿机制

生态保护补偿政策的目的是让生态保护者的付出得到补偿和回报。近年来，我国积极推进建立市场化、多元化生态补偿机制，大力完善重点生态区域补偿机制，积极推进横向生态保护补偿特别是加快建立流域上下游横向生态保护补偿机制，生态补偿实践取得积极成效。

推进生态保护补偿机制要把握好以下环节：

一是多渠道筹措资金，加大生态保护补偿力度。中央财政考虑不同区域生态功能因素和支出成本差异，通过提高均衡性转移支付系数等方式，逐步增加对重点生态功能区的转移支付。中央预算内投资对重点生态功能区内的基础设施和基本公共服务设施建设予以倾斜。各省级人民政府要完善省以下转移支付制度，建立省级生态保护补偿资金投入机制，加大对省级重点生态功能区域的支持力度。完善森林、草原、海洋、渔业、自然文化遗产等资源收费基金和各类资源有偿使用收入的征收管理办法，逐步扩大资源税征收范围，允许相关收入用于开展相关领域生态保护补偿。完善生态保护成效与资金分配挂钩的激励约束机制，加强对生态保护补偿资金使用的监督管理。

二是完善重点生态区域补偿机制。继续推进生态保护补偿试点示范，统筹各类补偿资金，探索综合性补偿办法。健全国家级自然保护区、世界文化自然遗产、国家级风景名胜区、国家森林公园和国家地质公园等各类禁止开发区域的生态保护补偿政策。将生态保护补偿作为建立国家公园体制试点的重要内容。

三是推进横向生态保护补偿。制定以地方补偿为主、中央财政给予支持的横向生态保护补偿机制办法。鼓励受益地区与保护生态地区、流域下游与上游通过资金补偿、对口协作、产业转移、人才培训、共建园区等方式建立横向补偿关系。鼓励在具有重要生态功能、水资源供需矛盾突出、受各种污染危害或威胁严重的典型流域开展横向生态保护补偿试点。在长江、黄河等重要河流探索开展横向生态保护补偿试点。继续推进跨地区生态保护补偿试点。

四是健全配套制度体系。加快建立生态保护补偿标准体系，根据各领域、不同类型地区特点，以生态产品产出能力为基础，完善测算方法，分别制定补偿标准。要逐步建立以经济损失评估结果为依据的生态补偿标准。加强森林、草原、耕地等生态监测能力建设，制定和完善监测评估指标体系。加强生态保护补偿效益评估，积极培育生态服务价值评估机构。健全自然资源资产产权制度，建立统一的确权登记系统和权责明确的产权体系。

[案　例]

新安江流域生态保护补偿试点及经验

新安江发源于黄山市休宁县，是安徽省境内仅次于长江、淮河的第三大水系，也是浙江省最大的入境河流，平均出境水量占千岛湖年均入库水量的60%以上，水质常年达到或优于地表水河流Ⅲ类标准，是下游地区最重要的战略水源地。2012年，在财政部、原环境保护部牵头下，浙江和安徽正式实施横向生态保护补偿试点，成为全国首个跨省流域水环境补偿试点，设立新安江流域水环境补偿资金，主要用于安徽省内两省交界区域的污水和垃圾特别是农村污水和垃圾治理。

第一轮试点（2012—2014年），中央资金每年3亿元，浙皖两省每年各出1亿元。

第二轮试点（2015—2017年），中央资金总额保持不变，浙皖两省的补偿资金由每省每年出资1亿元提高至每省每年出资2亿元。两轮试点取得了明显的生态环境效益，实现了保护与发展的良性互动。

春意盎然的新安江　　　　　　　　　　　　（新华社发）

第三轮试点（2018—2020年），浙皖两省每年各出资2亿元，并积极争取中央资金支持。当年度水质达到考核标准，浙江支付给安徽2亿元；水质达不到考核标准，安徽支付给浙江2亿元。在水质考核中加大总磷、总氮的权重，氨氮、高锰酸盐指数、总氮和总磷四项指标权重分别由原来的各0.25调整为0.22、0.22、0.28、0.28；相应提高水质稳定系数，由第二轮的0.89提高到0.90。

第三轮试点在货币化补偿的基础上，两省还将探索多元化的补偿方式，推进上下游地区在园区、产业、人才、文化、旅游、论坛等方面加强合作，进一步提高上游地区水环境治理和水生态保护的积极性。

三、实施有利于环境保护的价格政策

价格机制是市场实现资源有效配置的关键。近年来，在运用价格手段促进绿色发展方面开展了大量工作，受到社会各方面的好评。比如，环保电价政策、工商业差别化用水用电价格政策、居民阶梯价格制度、北方地区清洁供暖价格政策、可再生能源发电价格政策、农业水价综合改革等，在减少污染物排放、保护生态环境、节约能源资源、促进能源结构和产业结构调整等方面发挥了积极作用。但是，我国资源性产品和环境服务的价格普遍偏低，没有有效体现环境价值，造成资源的浪费和环境服务质量不高，环保产业发展的动力不足。

未来要进一步深化资源环境价格改革，要坚持问题导向、污染者付费的原则，坚持约束激励并重和因地分类政策，充分发挥价格杠杆作用，实现将生态环境成本纳入经济运行成本，更好地促进绿色发展和生态环境保护。

一是健全资源环境定价制度，使其更好地反映市场供求关系、资源稀缺程度与环境损害成本，将资源性产品的外部性通过价格体现。加强价格总水平调控，健全生产领域节能环保价格政策，完善资源有偿使用制度，创新促进区域发展的价格政策。

二是完善资源环境价格监管制度。推进政府定价项目清单化，规范政府定价程序，加快成本监审和成本信息公开。加强价格监测分析，完善价格补贴联动机制，强化数据分析应用。

三是加强扩大差别电价、水价政策覆盖面。完善高耗能、高污染、产能严重过剩等行业差别（阶梯）电价、水价政策，扩大政策实施覆盖面，细化操作办法，合理拉开不同档次价格，倒逼落后产能加快淘汰，促进产业结构转型升级。全面推行城镇非居民用水超额累进加价制度，严格用水定额管理，合理确定分档水量和加价政策。

四是探索能源市场化定价方式。根据技术进步和市场供求，实施风电、光伏等新能源标杆上网电价退坡机制。开展分布式新能源就近消纳试点，探索通过市场化招标方式确定新能源发电价格，研究有利于储能发展的价格机制。

[案　例]

差别化价格政策的实施效果

一是差别化价格政策在各地已有探索。差别化价格政策对于倒逼企业节能减排具有很好的作用，各地对此已有长期探索。自 2009 年起，江苏省南通市探索实施差别化水价政策，对环保信用评级为红色、黑色的企业，污水处理费每立方米分别加收 0.3 元、0.5 元。2014 年 8 月，进一步提高污水处理费标准，82 家红色企业污水处理费加收标准由每立方米 0.3 元提高至 0.6 元，28 家黑色企业加收标准由每立方米 0.5 元提高至 1 元。

二是差别化价格政策发挥了重要作用。通过差别化价格政策，刺激企业的生产经营行为，在推动企业主动节能减排上发挥了重要作用。2015 年，广东省中山市发布《关于实施限制类、禁止类和高污染企业用水差别水价的通知》，利用差别水价杠杆倒逼限制类、禁止类企业节能减排，实现节约用水和水环境保护，从 2015 年 7 月 1 日起对其中被评为红、黄牌的 93 家企业实施差别水价。两年来，中山市采用分期分批、动态管理的方式，先后四次对 160 个次环保严管企业和警示企业征收了差别水价 45 万元，前后倒逼二批企业整改成功，成为环境信用评价修复企业。

三是差别化价格政策普及程度不断提高。差别化价格政策在倒逼企业节能减排上效果显著，得到了社会广泛认可，普及应用程度也不断提高。2017 年，国务院印发的《"十三五"节能减排综合工作方案》明确提出，完善价格收费、财税激励政策。2016 年，《江苏省污水处理费征收使用管理实施办法》提出全面实行差别化污水处理收费政策，运用价格杠杆，促进节能减排和企业转型升级。2016 年，四川省《工业节能减排工作指导意见》明确提高落后产能企业的使用能源、资源、环境等的成本，严格落实差别电价政策，倒逼落后产能退出。2017 年，《广东省节能减排工作推进方案》提出，落实国家差别电价、阶梯电价和惩罚性电价等价格政策。2017 年，石家庄市印发《重点工业行业结构调整提升规划（2017—2019 年）》，提出对八大行业用煤大户实施差别电价、差别水价，对超定额、超计划用水、电、燃气实行累进加价，计划利用三年时间全面完成不符合京津冀协同发展需要、不符合省会功能新定位的八大工业行业结构调整提升任务，调整退出工业企业 1578 家。

四、深化绿色税收政策

税收在国家治理中发挥着基础性、支柱性、保障性作用。在我国经济迈向高质量发展阶段的窗口期，积极制定并实施绿色税收政策是助力经济高质量发展的重要举措。

首先，开征环境保护税。2018 年 1 月 1 日起施行的《环境保护税法》明确"直接向环境排放应税污染物的企业事业单位和其他生产经营者"为纳税人，确定大气污染物、水污染物、固体废物和噪声为应税污染物，此前实施了三十多年的排污费退出历史舞台。《环境保护税法》将大气和水污染物的适用税额标准和应税污染物项目数制定权限赋予地方政府。落实《环境保护税法》，一是要完善生态环境部门与税务部门的信息共享和协调联动机制，实现足额征收；二是要积极扩大环境税的征收范围并逐步提高税率，合理设置税率水平，逐步实现环境税费支出与污染治理成本相当，甚至高出治理成本，真正实现环境外部成本的内部化。

[知识链接]

《环境保护税法》

《环境保护税法》自 2018 年 1 月 1 日起施行，是按照"税收法定原则"制定并体现税费改革和"税制绿色化"的第一部单行税法。

《环境保护税法》
《环境保护法》

《环境保护税法》规定：在中华人民共和国领域和中华人民共和国管辖的其他海域，直接向环境排放应税污染物的企业事业单位和其他生产经营者为环境保护税的纳税人，应当依照法律规定缴纳环境保护税。应税污染物包括大气污染物、水污染物、固体废物和噪声。

《环境保护税法》建立了税收优惠激励机制，规定纳税人排放应税大气污染物或者水污染物的浓度值低于国家和地方规定的污染物排放标准30%的，减按75%征收环境保护税。纳税人排放应税大气污染物或者水污染物的浓度值低于国家和地方规定的污染物排放标准50%的，减按50%征收环境保护税。

其次，不断完善有利于资源节约和保护的资源税制度。我国现行资源税制度存在计税依据缺乏弹性、征税范围偏窄、税费重叠、企业负担不合理等问题。通过改革，要扩大对应税产品实行从价计征的范围，并建立了税收与资源价格挂钩的自动调节机制，增强了税收弹性，抑制不合理需求，促进绿色发展。

最后，对已经出台的税收优惠政策，要进行梳理，建立优惠目录定期更新机制，落实相关税收优惠政策。综合考虑我国目前的产业结构，合理把控环境领域的税收优惠的范围与力度，以税收调节的方式推动污染防治攻坚战重点行业绿色发展。结合简政减税减费，加大对节能环保产业的政策支持力度。进一步出台有利于绿色发展的结构性减税政策，对环境治理、资源再生、环保领跑企业给予税收优惠支持。对从事污染防治的第三方企业比照高新技术企业实行所得税优惠政策，出台"散乱污"企业综合治理激励政策。

五、构建支持绿色发展的绿色金融体系

金融是现代经济的核心，是实体经济的血脉，要"把更多金融资源配置到经济社会发展的重点领域和薄弱环节"。发展绿色金融是实现绿色发展的重要措施，也是供给侧结构性改革的重要内容。目前我国环境治理任务繁重，必须通过创新绿色金融体系，吸引社会资本进入生态环保领域，促进金融业向绿色化

快速转型。

2016 年 8 月，经国务院同意，中国人民银行、原环境保护部等七部门印发了《关于构建绿色金融体系的指导意见》，明确绿色金融是支持环境改善、应对气候变化和资源节约高效利用的经济活动，对环保、节能、清洁能源、绿色交通、绿色建筑等领域的项目投融资、项目运营、风险管理等提供金融服务，主要包括绿色信贷、绿色证券、绿色发展基金、绿色保险、环境权益交易市场工具、地方发展绿色金融和绿色金融国际合作七个主要领域。绿色金融各板块发展迅速，但也面临严峻挑战，如污染攻坚战的资金需求和目前绿色金融的投资方向存在明显错位现象；绿色金融对于"绿色"的认定缺乏标准，绿色项目"洗绿""漂绿"风险较高；资金供需双方及环保与金融部门之间信息不对称，沟通共享机制尚不完善；金融机构内外部激励约束机制普遍缺位，主要依靠政府贴息、补贴等政策来提高绿色产业的经济价值。

绿色金融发展需要采取综合措施，多点发力。一是构建支持绿色信贷的政策体系。对于绿色信贷支持的项目，可按规定申请财政贴息支持，形成支持绿色信贷等绿色业务的激励机制和抑制高污染、高能耗和产能过剩行业贷款的约束机制。推动逐步建立银行绿色评价机制，引导金融机构积极开展绿色金融业务，做好生态环境风险管理。明确贷款人尽职免责要求和环境保护法律责任，适时提出相关立法建议。支持和引导银行等金融机构建立符合绿色企业和项目特点的信贷管理制度，降低绿色信贷成本。将企业环境违法违规信息等企业环境信息纳入金融信用信息基础数据库，建立企业环境信息的共享机制，为金融机构的贷款和投资决策提供依据。

二是完善各类绿色债券发行的相关业务指引、自律性规则。明确发行绿色债券筹集的资金专门（或主要）用于绿色项目。积极支持符合条件的绿色企业按照法定程序发行上市。支持已上市绿色企业通过增发等方式进行再融资。支持开发绿色债券指数、绿色股票指数以及相关产品。鼓励相关金融机构以绿色指数为基础开发公募、私募基金等绿色金融产品。逐步建立和完善上市公司和发债企业强制性环境信息披露制度。鼓励第三方专业机构参与采集、研究和发布企业环境信息与分析报告。

三是支持设立各类绿色发展基金，实行市场化运作。设立国家绿色发展基金，大力发展绿色信贷、绿色债券等金融产品。大力推广PPP模式，引入生态环境治理领域，发挥社会资本在生态环境保护和建设中的作用。支持在绿色产业中引入PPP模式，鼓励将节能减排降碳、环保和其他绿色项目与各种相关高收益项目打捆，建立公共物品性质的绿色服务收费机制。鼓励各类绿色发展基金支持以PPP模式操作的相关项目。

四是在环境高风险领域建立环境污染强制责任保险制度。按程序推动制修订环境污染强制责任保险相关法律或行政法规。选择环境风险较高、环境污染事件较为集中的领域，将相关企业纳入应当投保环境污染强制责任保险的范围。鼓励保险机构发挥在环境风险防范方面的积极作用，对企业开展"环保体检"，并将发现的生态环境风险隐患通报生态环境部门。鼓励和支持保险机构创新绿色保险产品和服务。鼓励保险机构充分发挥风险管理专业优势，开展面向企业和社会公众的环境风险管理知识普及工作。

[案 例]

贵州省发展绿色金融的探索实践

在首批五个国家级绿色金融改革创新试验区中，贵州省贵安新区名列其中，成为西南地区唯一入选者。贵州省属于经济相对落后但发展速度很快、生态环境良好但十分脆弱的地区，在全国颇具代表性。贵州省的绿色金融建设起步较早，也积累了一定的经验。

贵州省率先出台了《关于加快绿色金融发展的实施意见》，明确提出推动本省绿色金融发展的具体要求和工作安排。同七部委联合印发《贵州省贵安新区建设绿色金融改革创新试验区总体方案》，不仅为全省绿色金融体系发展提供了指导，更向金融市场传递出贵州省大力发展绿色金融的坚决态度。

贵州省绿色金融的相关市场实践活动十分活跃，在信贷、保险、证券等领域均有所体现，有的做法还开创了全国风气之先。例如，在绿色信贷的专营方面，兴业银行贵阳分行在贵州成立系统内首家生态支行，对绿色信贷开展差异化授权政策。截至2017年6月末，贵州全省境内外上市和新三板挂牌企业88家，其中近一半企业来自绿色产业。

第五节　构建生态环境保护社会行动体系

建设社会主义生态文明，关系各行各业、千家万户，既需要政府自上而下的制度设计，也需要群众自下而上的全民行动，让美丽中国建设深入人心，形成人人参与、人人共享的强大合力，营造人人、事事、时时崇尚生态文明的社会氛围。

一、着力提升公民生态环境素养

公民生态环境素养是公众素养在生态环境领域的集中体现，是公众文明素质和社会文明水平的重要体现，涉及生态环境的知识素养、伦理素养、行为素养等。党的十八大以来，人民群众对生态环境问题的关注度之高前所未有，对生态环境信息、知识、文化的需求之强前所未有，引导公众深度、有序参与生态环境保护恰逢其时。

调查发现，虽然广大公众意愿强烈，但是生态环境认知水平和程度却十分有限，转化成行动的内生动力和坚定决心不足。因此，需要不断加强公众生态环境保护宣传、教育、技能培训工作，提升公众生态环境保护能力，引导群众践行《公民生态环境行为规范（试行）》，积极关注生态环境政策，为政府建言献策、贡献智慧；发现生态破坏和环境污染问题及时劝阻、制止或向"12369"平台举报；建立自然教育体系，让自然教育走进学校、走进课堂，开展自然教育基地建设试点，使公民体会如何实现人与自然的和谐相处。积极传播生态环境保护知识和生态文明理念，参与环保公益活动和志愿服务，传递环保正能量，使生态道德和生态文化得到弘扬；从我做起，从身边的小事做起，拒绝铺张浪费和奢侈消费，自觉践行简约适度、绿色低碳的生活方式。通过进行广泛社会动员，推动公众从意识向意愿转变，从抱怨向行动转变，以行动促进认识提升，知行合一，从简约适度、绿色低碳生活方式做起，积极参与生态环境事务。

[延伸阅读]

生态环境部、中央文明办、教育部、
共青团中央、全国妇联等五部门联合发布
《公民生态环境行为规范（试行）》

第一条　关注生态环境。关注环境质量、自然生态和能源资源状况，了解政府和企业发布的生态环境信息，学习生态环境科学、法律法规和政策、环境健康风险防范等方面知识，树立良好的生态价值观，提升自身生态环境保护意识和生态文明素养。

第二条　节约能源资源。合理设定空调温度，夏季不低于26度，冬季不高于20度，及时关闭电器电源，多走楼梯少乘电梯，人走关灯，一水多用，节约用纸，按需点餐不浪费。

第三条　践行绿色消费。优先选择绿色产品，尽量购买耐用品，少购买使用一次性用品和过度包装商品，不跟风购买更新换代快的电子产品，外出自带购物袋、

水杯等，闲置物品改造利用或交流捐赠。

第四条　选择低碳出行。优先步行、骑行或公共交通出行，多使用共享交通工具，家庭用车优先选择新能源汽车或节能型汽车。

第五条　分类投放垃圾。学习并掌握垃圾分类和回收利用知识，按标志单独投放有害垃圾，分类投放其他生活垃圾，不乱扔、乱放。

第六条　减少污染产生。不焚烧垃圾、秸秆，少烧散煤，少燃放烟花爆竹，抵制露天烧烤，减少油烟排放，少用化学洗涤剂，少用化肥农药，避免噪声扰民。

第七条　呵护自然生态。爱护山水林田湖草生态系统，积极参与义务植树，保护野生动植物，不破坏野生动植物栖息地，不随意进入自然保护区，不购买、不使用珍稀野生动植物制品，拒食珍稀野生动植物。

第八条　参加环保实践。积极传播生态环境保护和生态文明理念，参加各类环保志愿服务活动，主动为生态环境保护工作提出建议。

第九条　参与监督举报。遵守生态环境法律法规，履行生态环境保护义务，积极参与和监督生态环境保护工作，劝阻、制止或通过"12369"平台举报破坏生态环境及影响公众健康的行为。

第十条　共建美丽中国。坚持简约适度、绿色低碳的生活与工作方式，自觉做生态环境保护的倡导者、行动者、示范者，共建天蓝、地绿、水清的美好家园。

二、强化生态环境保护信息公开

生态环境保护信息公开事关人民群众的知情权、参与权、表达权和监督权。要加强信息发布，保持传播热度，重视社会舆情，把网民的"表情包"作为生态环境保护工作的"晴雨表"，面对错误思想和负面有害言论敢于接招发声，始终占领网络传播主阵地，打好生态环境舆论主动仗，牢牢把握话语权和主导权。

当前，环境信息公开取得了一定进展，但总体上仍处于较低水平。环境信息知情权是公众其他环境权利尤其是参与权的前提，只有相关的环境信息全面、透明地展现在公众面前，公民的环境知情权得到保障，才能更好地了解并参与其中。而且，如果公众不明真相，就会更倾向于相信各种谣言和阴谋论，加重公众的恐慌情绪，从而作出过激的行为。新修订的《环境保护法》专门增加了一章"信息公开和公众参与"，首次规定了"公民、法人和其他组织依法享有获取环境信息……的权利"。为了将公众参与落到实处，使其真正在现代环境治理中发挥作用，信息公开就不能浮于表面、流于形式，而应做细做实，拓宽公开渠道，扩大公开范围，细化公开内容，真正促进公众理性认识，科学参与。

要完善环境信息公开制度，健全生态环保信息强制性披露制度。依法公开环境质量信息和环保目标责任，依法公开企业环境违法处罚信息，督促重点排污单位及时公布自行监测和污染排放数据、治污设施运行情况、生态环保违法处罚及整改等信息，督促上市公司、发债企业等市场主体全面、及时、准确披露环境信息，对排放不达标设施的设备提供商、运营维护单位等信息予以公开。加强重特大突发环境事件信息公开，对涉及群众切身利益的重大项目及时主动公开，做好舆情引导。

推进生态环保设施向公众开放工作。2017 年启动的环境监测、城市污水处理、城市生活垃圾处理、危险废物和废弃电器电子产品处理四类设施向公众开放，可以纾解公众对既有项目环境污染问题的疑虑，增进对监管方和企业的信心与信任，有效化解"邻避效应"。按要求，2020 年年底前，地级及以上城市符合条件的环保设施和城市污水垃圾处理设施向社会开放，接受公众参观。

[延伸阅读]

生态环境部与住房和城乡建设部联合印发《关于进一步做好全国环保设施和城市污水垃圾处理设施向公众开放工作的通知》

2020 年年底前，全国所有地级及以上城市选择至少一座环境监测设施、一座城市污水处理设施、一座垃圾处理设施、一座危险废物集中处置或废弃电器电子产品处理设施向公众开放，鼓励地级及以上城市有条件开放的四类设施全部开放。到 2019 年、2020 年年底前，各省（区、市）四类设施开放城市的比例分别达到 70%、100%。

按照分阶段目标要求，各地生态环境部门和住房城乡建设（排水、环卫）部门应明确设施开放的必要条件和要求，结合当地设施单位情况，有序有效做好开放活动准备、实施、总结反馈阶段的组织筹备工作，推动各类设施单位尽早达到开放要求，择优选择符合开放条件或开放基础较好的设施单位面向公众开放，同时全力做好组织保障工作，

环保设施向公众开放标识

（作者提供）

以促使公众理解、支持、参与环保，激发公众环境责任意识，推动形成崇尚生态文明、共建美丽中国的良好风尚。

三、推动环保社会组织规范健康发展

以环保社会团体、环保基金会和环保社会服务机构为主体组成的环保社会组织，是我国生态文明建设和绿色发展的重要力量，在提升公众环保意识、促进公众参与环保、开展环境维权与法律援助、参与环保政策制定与实施、监督企业环境行为、促进生态环境保护国际交流与合作等方面作出了积极贡献。但是，由于法规制度建设滞后、管理体制不健全、培育引导力度不够、自身建设不足等原因，环保社会组织依然存在管理缺乏规范、质量参差不齐、作用发挥有待提高等问题，与我国建设生态文明和绿色发展的要求相比还有较大差距。

要引导生态文明建设领域社会组织健康有序发展，发挥民间组

织和志愿者的积极作用，加大对环保社会组织的扶持力度和规范管理，使其成为环保工作的同盟军和生力军，推动形成多元共治的环境治理格局。一是做好环保社会组织登记审查，健全工作程序，完善审查标准，依法严格把关。二是完善环保社会组织扶持政策，将政府购买服务所需经费纳入部门预算，通过项目资助、购买服务等方式，支持、引导社会组织参与生态环境保护活动。三是加强环保社会组织规范管理，引导环保社会组织联合建立服务标准、行为准则、信息公开和行业自律规则。四是推进环保社会组织自身能力建设，完善现代社会组织法人治理结构，健全以章程为核心的规章制度。

[知识链接]

环境公益诉讼

《环境保护法》规定，依法在设区的市级以上人民政府民政部门登记并专门从事环境保护公益活动连续5年以上且无违法记录的社会组织，可以对污染环境、破坏生态，损害社会公共利益的行为，向人民法院提起环境公益诉讼，人民法院应当依法受理。人民检察院还可以提起环境行政公益诉讼，督促负有生态环境和资源保护监督管理职责的行政机关依法履行职责。

在各方面积极推动下，环境公益诉讼制度威力初显，江苏泰州1.6亿元天价环境公益诉讼案、宁夏腾格里沙漠污染 5.69 亿元判罚公益诉讼案等一个个环境公益诉讼案件让整个社会开始意识到,违反环境法律造成环境污染或生态破坏,可能会付出巨大代价。但是环境公益诉讼作为一项全新的制度,在实践中仍存在着适格的原告主体数量少、资金不足、专业人才缺乏以及在因果关系认定、举证责任分配上没有统一的标准等诸多问题。

为了让环境公益诉讼制度更好地运行下去,相关配套制度仍需进一步完善和规范。一是完善环境公益诉讼社会监督机制,推动公益诉讼相关判决和司法建议的执行;二是完善专家陪审制度,让专家陪审制度在环境公益诉讼领域发挥基础性作用;三是完善环境公益诉讼费用承担制度,对环境公益诉讼资金的性质和使用作出详细规定。

四、建立健全社会参与和监督机制

继续完善全国环保举报管理平台功能,充分发挥"12369"环保举报热线和网络平台作用,公开曝光违法典型案件。加强对各级环保举报工作规范化管理,督促各地做好群众举报受理、查处、反馈工作。保护举报人的合法权益,政府及有关部门对于举报内容和举报人信息,必须严格保密,严禁泄露举报内容以及举报人姓名、住址、电话等个人信息,严禁将举报材料转给被举报人或者被举报单位,并采取由专人负责在专门场所或者通过专门网站、电话受理举报，举报材料存放于保密场所等保密措施。鼓励有条件的地区实施有奖举报，鼓励公众通过"12369"环保举报热线、信函、电子邮件、政府网站、微信平台等途径，对环境违法行为进行监督。

充分发挥各类媒体的舆论监督作用，及时曝光突出生态环境问题，报道整改进展情况。近年来，全国一些省市就主动曝光生态环境问题并督促整改做了积极的探索并取得很好的效果。通过媒体常态监督、政府主动作为、群众广泛参与，推动解决了一大批群众身边的生态环境突出问题，既赢得了老百姓的口碑和支持，也充分说明主动曝光生态环境问题并督促解决也是正面宣传，为打好污染防治攻坚战营造了良好社会氛围。

[案　例]

浙江和四川开展舆论监督

浙江省主要领导亲自监督指导，在浙江卫视开设舆论监督类栏目《今日聚焦》，推动突出环境问题整改落实。随后，该做法被其他省市借鉴，四川、山东、河北、江苏、陕西、湖北等省份多家省市电视台开播了类似节目，取得了良好社会反响。四川乐山市委、市政府主要领导亲自研究部署"环保曝光台"工作，乐山日报社、乐山广播电视台、乐山新闻网三家市级媒体，在重要版面和黄金时段统一开设了专栏、专题，加大舆论监督，增强政府媒体合作。

两地以解决问题为导向，实现了政府督办落实工作制度化。一是跟踪督办。浙江省委督察室建立曝光问题一事一报次日专报、领导批示跟踪督促落实等工作制度；四川乐山建立媒体曝光环境问题督办制度，媒体曝光一起、挂牌督办一个。二是立行立改。浙江省在问题曝光后，涉事地党委政府会第一时间集中相关部门召开专题会议研究整改方案并进行工作部署；四川乐山提出曝光问题整改不过夜，党委政府会第一时间明确主要牵头部门，并责成其他部门配合落实。三是严肃问责。紧盯媒体曝光环境问题的违规违纪行为，加大追责问责力度，力图实现问责一人、警醒一片。

以群众满意为准绳，实现了问题整改落实公开化。一是事事回音。《今日聚焦》栏目的微信公众号设立"报道反馈"板块，专门报道曝光问题的整改情况；四川乐山设置"环保曝光台"姊妹篇"环保回音壁"，对每个曝光的环境问题进行后续跟踪报道。二是坚持回访。浙江省委督察室建立当月报结工作制度，根据涉事地提交的整改情况报告，组织职能部门进行抽查；四川乐山则专门成立了两个市级专项督察组，通过现场查看、走访群众等方式，对曝光环境问题的整改落实情况进行现场回访核查。三是举一反三。浙江省结合曝光问题的阶段性特点，研究对策措施，指导和推动各地健全并落实执法监管、考核监督等体制机制，通过全省上下合力抓问题整改；四川乐山各级各部门参考曝光的问题，集中解决了一批扬尘噪声污染、农村面源污染、河沟水库污染等关系群众切身利益的环境问题。

～ 本章小结 ～

改革生态环境监管体制，是全面深化改革的重点领域。改革要着眼于推进生态环境治理体系和治理能力现代化，坚持问题导向和目标导向，坚持顶层设计与基层实践相结合，坚持贯穿对责任主体的明责、履责、追责，坚持完善链条构建，注重改革的系统性、完整性，建立起保障生态环境改善的长效机制。

按照党的十九大提出的"构建政府为主导、企业为主体、社会组织和公众共同参与的环境治理体系"总体要求，改革生态环境监管体制，推动生态环境管理理念和方式转变。以落实党委和政府及其相关部门主体责任、企事业排污单位污染治理主体责任，完善市场机制，加强社会参与为主线，增强生态环境治理的系统性、协同性和有效性，构建监管统一、执法严明的生态环境监管体系和全民参与的生态环境保护的社会行动体系，大幅提高环境治理能力。

【思考题】

1. 如何理解和把握生态环境监管体制改革的方向和要求？

2. 如何摆脱政府与企业"猫捉老鼠"的关系，使企业提高守法履责意识，自觉履行环境责任？

3. 结合实际谈一谈地方在实施环境经济政策过程中哪些做法比较有效？为什么？

4. 如何充分发挥公民和社会组织在生态环保工作中的作用？

5. 请结合你所在地方的实际，谈一谈如何避免"邻避效应"？

┃ 阅读书目 ┃

1.《习近平谈治国理政》第一卷，外文出版社 2018 年版。

2.《习近平谈治国理政》第二卷，外文出版社 2017 年版。

3. 习近平：《决胜全面建成小康社会　夺取新时代中国特色社会主义伟大胜利——在中国共产党第十九次全国代表大会上的报告》，人民出版社 2017 年版。

4. 中共中央文献研究室编：《习近平关于社会主义生态文明建设论述摘编》，中央文献出版社 2017 年版。

5. 习近平：《之江新语》，浙江人民出版社 2007 年版。

6. 习近平：《干在实处　走在前列——推进浙江新发展的思考与实践》，中共中央党校出版社 2006 年版。

7. 中共中央宣传部编：《习近平新时代中国特色社会主义思想三十讲》，学习出版社 2018 年版。

8. 中共中央宣传部编：《习近平总书记系列重要讲话读本（2016 年版)》，学习出版社、人民出版社 2016 年版。

9. 国务院研究室编：《政府工作报告汇编 2018》，中国言实出版社

2018 年版。

10. 国务院研究室编:《政府工作报告汇编 2017》,中国言实出版社 2017 年版。

11. 环境保护部环境与经济政策研究中心编著:《农村环境保护与生态文明建设》,中国环境出版社 2018 年版。

12. 环境保护部环境与经济政策研究中心编著:《生态文明制度建设概论》,中国环境出版社 2016 年版。

13. 环境保护部政策法规司编:《环境经济政策汇编》(上下册),中国环境出版社 2016 年版。

14. 环境保护部、中国科学院编著:《全国生态环境十年变化(2000—2010 年)遥感调查与评估》,科学出版社 2014 年版。

| 后 记 |

　　党的十九大制定了全面建成小康社会、夺取新时代中国特色社会主义伟大胜利的宏伟蓝图和行动纲领，对加强生态文明建设明确提出了新要求。当前，我国经济已由高速增长阶段转向高质量发展阶段，生态环境也到了必须加快改善而且有条件加快改善的重要时期。为深入贯彻党的十九大和全国生态环境保护大会精神，深入贯彻落实习近平生态文明思想，坚决打好污染防治攻坚战，中央组织部组织编写了本书。

　　本书由生态环境部牵头，自然资源部、住房和城乡建设部、水利部、农业农村部、国家林业和草原局、新华社、清华大学共同编写，全国干部培训教材编审指导委员会审定。李干杰任本书主编，黄润秋任副主编，丁立新、王新跃、叶民、李波、张绍杰、陈二厚、陈付、姜胜耀、钱勇任编委会成员。参加本书调研、写作和修改工作主要人员有：吴舜泽、张玉军、李红兵、万军、韩文亚、原庆丹、刘越、李新、王淑兰、李慧、邹长新、徐德琳、步雪琳、殷培红、申宇、王燕、俞海、贾真、冯相昭、张惠远、杨丽阎、叶春、郑烨、香宝、王彬、贾蕾、王卓玥、张昱恒、贺蓉、梁经咸、苏本营、何玉洁、付青、孟庆、夏瑞、刘瑞志、卢少勇、冯慧娟、师华定、徐梦佳、丁晖等。参加本书审读的人员有：王金南、赵建军、俞孔坚、王华。在本书编写出版过程中，中央组织部干部教育局负责组织协调工作，人民出版社、党建读物出版社等单位给予了大力支持。在此，谨对所有给予本书帮助支持的单位和同志表示衷心感谢。

由于水平有限，书中难免有疏漏和错误之处，敬请广大读者对本书提出宝贵意见。

编　者

2019 年 2 月

全国干部培训教材编审指导委员会

《推进生态文明　建设美丽中国》

主　编：李干杰

副主编：黄润秋

责任编辑：李之美　夏　青

封面设计：石笑梦

版式设计：王欢欢

责任校对：白　玥

图书在版编目（CIP）数据

推进生态文明　建设美丽中国／全国干部培训教材编审指导委员会组织
　　编写 . -- 北京：人民出版社：党建读物出版社，2019.2

全国干部学习培训教材

ISBN 978 - 7 - 01 - 020390 - 4

I.①推… 　II.①全… 　III.①生态环境建设 - 中国 - 干部培训 - 教材

　　IV.① X321.2

中国版本图书馆 CIP 数据核字（2019）第 021149 号

推进生态文明　建设美丽中国

TUIJIN SHENGTAI WENMING JIANSHE MEILI ZHONGGUO

全国干部培训教材编审指导委员会组织编写

主　编：李干杰

人 民 出 版 社　党建读物出版社　出版发行

北京盛通印刷股份有限公司印刷　新华书店经销

2019 年 2 月第 1 版　2019 年 2 月第 1 次印刷

开本：787 毫米 ×1092 毫米　1/16

印张：16.5　字数：186 千字

ISBN 978 - 7 - 01 - 020390 - 4　定价：47.00 元

邮购地址 100706　北京市东城区隆福寺街 99 号

人民东方图书销售中心　电话（010）65250042　65289539

本书如有印装错误，可随时更换　电话：（010）58587361